CONSTRUCTION

ET

ENTRETIEN DES BATIMENTS

CONSTRUCTION

ET

ENTRETIEN DES BATIMENTS

OU

PENSÉES D'UN PROPRIÉTAIRE

SUR UNE COMPAGNIE ORGANISÉE DANS CE BUT.

—

A. SOUCHON D'AUBIGNEU

———

PARIS

LIBRAIRIE SCIENTIFIQUE, INDUSTRIELLE ET AGRICOLE

Eugène LACROIX, Éditeur

LIBRAIRE DE LA SOCIÉTÉ DES INGÉNIEURS CIVILS

15, Quai Malaquais, 15

1865

PRÉFACE

—

Là où l'action privée ne peut atteindre, c'est-à-dire dans tout ce qui dépasse la capacité et les moyens d'exécution d'une personne, il faut employer la force collective : l'association ou la mutualité. En effet, dans maintes circonstances, l'initiative individuelle est impuissante à obtenir ce que produit, avec moins de frais et d'efforts, la coopération de tous.

N'en serait-il pas ainsi pour la construction et l'entretien des bâtiments ? Vous en jugerez, lecteur.

Croyez-le bien, ce n'est pas une spéculation littéraire ou industrielle que nous avons en vue. Notre idée, mise en avant, peut et doit donner lieu à quelque combinaison pratique. Voilà le seul motif qui nous fait publier ces pages.

Ouvrier de la onzième heure, nous apportons notre modeste pierre à l'édifice progressif et social. Accepté ou rebuté, ce travail nous vaudra peut-être l'indulgence du lecteur ; qu'il nous permette de la réclamer.

PREMIÈRE PARTIE.

***

Nécessité de créer une Compagnie pour la construction et l'entretien des bâtiments.

Aujourd'hui chacun parle ou écrit sur l'agriculture : c'est bien ; pour qu'une science progresse, il faut en vulgariser l'étude. Mais on fait de longues dissertations sur les qualités. les vertus et l'utilité de l'arbre ; on néglige, pendant ce temps, l'insecte imperceptible qui le ronge, et, au lieu du chêne gigantesque promis, on a une tige flétrie, un chétif arbrisseau qui s'étiole et qui meurt.

Essayons d'indiquer cet insecte : le montrer c'est le détruire ; puisse le succès couronner nos faibles efforts !

Parmi les entraves, nous allions dire les fléaux de l'agriculture, il en est un capital, dans le département de l'Allier, au moins ; c'est le manque de bâtiments et le piteux et indigne état de ceux qui s'y trouvent. Voilà un des plus grands obstacles au progrès agricole.

Visitez toutes les fermes, tous les domaines, toutes les locateries, vous y verrez des logements délabrés, presque inhabitables, toujours trop restreints et fort mal entretenus.

L'état des bâtiments a semblé tendre vers l'amélioration, il faut en convenir ; les propriétaires ont bâti quelques belles granges, voire même quelques belles fermes.

Mais déjà, hélas ! le goût de la construction paraît se ralentir chez les propriétaires. Ils aiment mieux, disent-ils, placer leurs capitaux sur des obligations sérieuses et à revenu fixe que de les enfouir dans des bâtisses. Ils préfèrent même risquer leur argent sur de grandes industries, donnant ou promettant de brillants dividendes, que sur des améliorations agricoles à produit lointain. La plupart, du reste, des nouvelles constructions ont été données à l'entreprise et paraissent avoir été peu ou mal surveillées. Ainsi, le propriétaire a dépensé ses revenus de plusieurs années en pure perte, et pour n'avoir que des bâtiments peu solides et défectueux. De plus il les entretient fort mal, et, à peine fini, tout se lézarde, se détériore et se délabre très-promptement.

A qui la faute? au propriétaire quelquefois, au fermier souvent.

En effet, le fermier et le propriétaire, sur les relations desquels certains livres d'agriculture nous présentent de si attrayants tableaux, sont souvent dans l'indifférence, quelquefois dans la haine l'un pour l'autre.

Quand le propriétaire est en bonne intelligence avec le fermier, il visite ses terres, répare et entretient ses bâtiments avec attention ; mais il voit bientôt les colons, et souvent le fermier lui-même, apporter fort peu de soin à ces constructions qu'il aime tant ; alors il s'irrite, parle même de procès. Mais, en définitive, on plaide rarement pour obtenir trente ou quarante francs de dommages-intérêts ; le propriétaire se décourage et ne vient plus visiter son domaine.

Certains articles du Code disent à peu près que le propriétaire doit tenir son locataire clos et couvert ; mais la loi est loin d'obvier à tout.

Pourquoi tant de domaines, maisons et locateries, où il pleut dans les bâtiments, presque partout délabrés ? Pourquoi donc nulle part les réparations ne sont-elles faites à temps ou à propos ?

Il faut l'avouer, beaucoup de raisons s'y opposent. Dans le département de l'Allier, la presque totalité des terres est affermée, et le propriétaire y habite souvent peu, quelquefois pas du tout. L'œil du maître engraisse le cheval, cet œil n'a t-il pas aussi peut-être la vertu d'entretenir les bâtiments ?

Dans ce cas, la propriété est régie : 1° Par le propriétaire, qui songe à son domaine seulement quand il y a un terme échu ; 2° Par le fermier, qui néglige entièrement les constructions dont se servent les métayers : il pense plutôt à payer sa ferme et à faire ou augmenter sa fortune. Personne alors ne s'occupe des bâtiments où logent les laboureurs, et cela dure jusqu'à ce qu'enfin le granger, poussé à bout par la pluie. excité quelquefois par l'avocat de village, invoque certains articles du Code qu'on lui a soufflés à l'oreille. Le propriétaire. contrarié d'avoir à dépenser tant d'argent, s'en prend au fermier, et voilà la guerre allumée. Elle coûtera force injures et force argent, et tout cela on l'eût évité en dépensant quelques centaines, peut-être même quelques dizaines de francs, cinq ou six ans auparavant. 3° Enfin par le laboureur-métayer. A celui-là on ne peut demander de surveiller la maison, la grange ; il n'a pas le temps de voir s'il manque des tuiles ou s'il existe des vices de construction dans le domaine. Il doit gagner le pain quotidien ; sa femme, élever, soigner les enfants. Trop souvent encore, le fermier et le colon ont déjà bien assez à faire de se jalouser, se quereller ou plaider entr'eux.

Quelquefois, et ce cas tend à se généraliser, le fermier est en même temps colon. Alors il devrait apporter plus de soin à la conservation et à l'entretien des bâtiments où il habite. Mais, comme son bail est ordinairement très-court (le bail du fermier-cultivateur est généralement de six ans, celui du fermier en gros de douze), il se contente de répéter le mot de Louis XV : « *Après moi le déluge.* » Il travaille donc à grossir son épargne. sans s'inquiéter de la dépense énorme qu'aura [plus tard à subir le propriétaire.

Au moment des réparations, le fermier dira toujours au maître : « Monsieur, il m'est impossible de faire des charrois maintenant ; j'ai à battre, à semer, à labourer, je suis pressé par le temps, etc. » On a le droit de lui répondre : « Par votre bail vous me devez des charrois, il me les faut, je les veux. » Ceci paraîtra dur bien souvent, et l'on passe là-dessus. malgré le droit. le désir et l'intérêt.

Il pleut dans un grenier, le fermier y a ses grains; comment les lui faire enlever pour qu'il les vende à vil prix? Alors la toiture s'endommage; car la pluie engendre la pourriture, et la pourriture au bois, c'est la gangrène au corps. Beaucoup même ne réclameront pas si leur grenier est surchargé, de peur d'être accusé de se plaindre que le domaine est trop bien cultivé, le fermier trop solvable.

Supposons un fermier très-honnête homme, très-intelligent, très-serviable, parfait en un mot. Aura-t-il, ce rara avis, le courage de se quereller continuellement avec le charpentier, le maçon, le menuisier parce qu'ils voleront à leur maitre du temps, des matériaux ou de l'argent? Il ne tient pas à encourir la haine de patrons qui sont ses amis, d'ouvriers qu'il emploie? Ne risqueraient-ils pas d'ailleurs de répondre à ses observations : « Cela durera autant que vous. » Souvent encore le fermier craindra que tel ou tel ouvrier qu'il aura surveillé ne le calomnie auprès du propriétaire ou ne lui suscite des concurrents au renouvellement du bail. Enfin il a ses occupations qu'il n'abandonnera pour veiller aux intérêts d'autrui.

Alors, fatigué d'être continuellement dupe de tant d'individus différents, vous n'aborderez plus qu'avec frayeur le chapitre des réparations et bâtisses, et tout bientôt se détériorera.

Si le maçon a la surveillance des réparations, le charpentier dira : « Monsieur a confiance en tel ouvrier et non pas en moi, tâchons de supplanter ce fidèle, qui, du reste, nous gène par sa probe et active surveillance; mettons-le, si nous pouvons, dans son tort. » Cet envieux trouve un auxiliaire naturel dans le fermier qui, s'il n'est pas très-honnête homme, a intérêt, lui aussi, à se débarrasser de quelqu'un qui peut le surveiller. Le fermier cherche à contrarier le maçon pour les charriages, pour les matériaux, etc.; rien n'est prêt à propos. Voilà la besogne devenue presque impossible à votre ouvrier; il s'en ira probablement s'il est honnête; s'il ne l'est pas, malheur à votre bourse à la merci de trois fripons s'entendant fort bien ensemble.

Autant du charpentier ou du menuisier. si c'est à lui que vous confiez l'inspection et l'ordonnance de vos travaux.

Il y a pourtant un moyen excellent. c'est de n'avoir pour ouvriers de toute sorte que des hommes très-intelligents, très-probes. ne se jalousant pas entr'eux. des métayers, des fermiers très-consciencieux et très-dévoués. A celui qui obtiendrait ce résultat, nous conseillerions d'essayer de découvrir la quadrature du cercle ou la pierre philosophale.

On nous dira : « Surveillez vous-même les réparations que vous ordonnerez. visitez souvent vos bâtiments. entretenez-les. occupez-vous en. et on ne vous volera pas. » Nous demanderons s'il est beaucoup de propriétaires se connaissant aux réparations et aux constructions. et capables de bien les surveiller ? En l'admettant même. celui qui habite la ville avec ses enfants et sa femme qu'y retiennent leurs goûts ou leur mauvaise santé. peut-il se fixer seul à la campagne pendant la durée des constructions ou réparations ? Et d'abord il y dépensera beaucoup: nous ne sommes plus au temps où l'on vivait passablement et à bon marché dans les cabarets. Ceux-ci entendent le progrès à leur manière : aujourd'hui on y vit très-mal. et tout y est plus sale et aussi cher au moins que dans les bons hôtels. Et puis. autant vaudrait n'avoir pas le sou qu'être condamné à vivre seul. dans une mauvaise auberge. pendant deux à trois mois. privé de sa société. de ses amis. de ses habitudes , du confortable de la vie , et surtout de sa femme et de ses enfants.

D'ailleurs. tout le monde n'a pas que cette affaire à soigner : il est des choses qui appellent à la ville : un emploi, des capitaux, des occupations, l'éducation des enfants.

Il n'y a qu'un moyen. c'est d'avoir hôtel à la ville et château à la campagne. alors vous vous y installez avec votre famille. pendant le temps que durent vos réparations ou vos affaires; mais pour cela faut-il encore que chacun y jouisse d'une de ces robustes santés qui réclament rarement la présence de votre médecin , dont la visite à la campagne est toujours coûteuse, inexacte et tardive. Ce mode d'existence est très-dispendieux et accessible seulement au bien petit nombre, aujourd'hui que le luxe pressure tant les fortunes !

Enfin on nous dira : « Votre propriété a besoin de réparations, amenez avec vous un architecte; il les donne à l'entreprise, vient les recevoir, et vous n'avez plus qu'à les payer. » Admettons que cet architecte, ce qui arrive souvent mais non toujours, soit un honnête homme, insensible au pot de vin de l'ouvrier, sera-t-il continuellement là pour voir et vérifier les matériaux employés? Osera-t-il sans cesse faire recommencer ce que l'ouvrier aura mal fait? Aurez-vous toujours vous-même le courage de l'exiger? A vos yeux, homme bon et généreux, cet ouvrier est votre compatriote, le compagnon des jeux de votre enfance; aux vôtres, chrétien ou philanthrope, c'est un frère; pour vous, orgueilleux ou ambitieux, ou même peut-être sincère patriote, visant, pour tel ou tel motif, la mairie, le conseil général, voir même la députation, vos ouvriers sont des gens qui exercent certaine influence sur leurs camarades ou dans le pays, et plus grande souvent qu'on ne le croit. Ainsi, quelque bon droit que vous ayez, oserez-vous bien l'exercer dans toute son étendue?

On peut confier à un architecte les réparations et constructions à diriger; quand il s'agit de réparer ou de construire un édifice, une église, un temple, un palais, un château, des magasins, des entrepôts ou maisons bourgeoises, parce qu'alors messieurs les architectes s'y connaissent; ils sont au fait des besoins ou exigences de toutes les positions et occupations diverses. Mais est-il question de bâtiments ruraux, granges, étableries, de la ferme en un mot, les trois quarts n'y entendent absolument rien. Ils ne se doutent même pas des premiers besoins, usages ou habitudes du cultivateur et des animaux qu'il possède? Et où donc les jeunes architectes, quelques anciens même, auraient-ils pu apprendre à les connaître? Trop souvent ils terminent leurs études et même passent une partie de leur existence sans avoir visité une seule ferme avec attention.

Le remède que vous indiquez sera d'un bien faible secours au propriétaire, qui ne s'occupe pas lui-même de son domaine. A celui-là Messieurs les architectes construiront des étables, granges et fermes coquettes ou splendides, mais souvent fort incommodes. Le laboureur fera des observations qu'on n'écoutera pas. Si le bétail pouvait parler, il dirait bien :

Que mon logis soit sain, et non pas magnifique !

Est-ce à dire pour cela que nous blâmions ceux qui emploient ce mode de surveillance pour leurs réparations ou constructions rurales? Non, mille fois non ; cet homme, règle générale, s'y connaît mieux que vous, propriétaires; car c'est là son métier et ce n'est pas le vôtre ; le propriétaire est censé payer l'architecte ; mais c'est toujours avec de l'argent économisé et souvent même placé à cent pour cent. Mais, le jour où il vous sera possible de le remplacer par une grande et sérieuse compagnie du genre de celle qui nous occupe, faites-le, et vous vous en trouverez bien.

Dès aujourd'hui, il faut changer entièrement de système à cet égard-là. En effet lorsqu'ils emploient un architecte, les propriétaires lui donnent cinq pour cent sur les dépenses totales ; ils l'encouragent ainsi à faire réaliser aux clients le moins d'économie possible. S'il n'est pas très-probe et très-consciencieux, il a intérêt à faire dépenser beaucoup, parce que plus le bâtiment coûte plus on lui doit d'honoraires. Il n'empêchera pas les frais inutiles, les essais dispendieux ; il n'y risque rien et il en peut tirer de l'instruction, de l'expérience ou de la renommée.

On peut, il est vrai, quitter cet homme quand on en est mécontent. Au milieu de travaux commencés et organisés, ce changement de direction n'est pas très-facile ; c'est une mesure devant laquelle vous reculerez plus d'une fois, à la pensée des tracas, ennuis et dépenses de toute sorte qu'elle vous occasionnera ; car, vous le savez, le nouvel architecte défera ou bouleversera entièrement et toujours l'œuvre de son prédécesseur.

Supposons que vous n'ayez d'autres goûts, devoirs ou occupations que la gérance de vos propriétés ; admettons que l'agriculture absorbe vos idées et votre temps ; que vous soyez assez heureux , assez intelligent pour mener toujours cette vie sage, utile et lucrative du gentleman farmer : combien en est-il entièrement dans ces conditions ? Un sur mille. Eh bien ! cet un, à lui tout seul, peut-il, sait-il construire ou réparer ses bâtiments ? Oui quelquefois , non bien souvent.

En effet, ou son esprit sera progressif et novateur et il exécutera toutes les lubies qui germeront dans son cerveau ; alors il établira des toits plats dans les pays où il pleut continuellement, en Angleterre par exemple ; des couvertures en zinc ou en ardoises dans des contrées où la tuile est bonne et peu coûteuse ; des portes à coulisses, au lieu de portes à gonds : fera du pisé avec du terrain calcaire ou marneux, etc. Ces toitures s'endommageront ; on brisera ces portes ; ces murs se fendront, voire même s'écrouleront ; il verra tomber les encoignures qu'il aura construites en briques, pour rendre le bâtiment plus coquet ou moins dispendieux. Triste économie, fausse spéculation, pauvres innovations, funestes au propriétaire, funestes au progrès dont il dégoûte les voisins !

Ou ce propriétaire sera quelque peu routinier et imitateur honorable, mais servile, de son grand-père. Il se rappelera son aïeul, disant que dans les étables à bœuf les râteliers ne valent rien, parce qu'il faut une grande surveillance pour voir si chaque bête profite de sa part de nourriture. Il y établira de ces antiques coliers, grâces auxquels un bœuf détaché s'écorne, se blesse et même tue très-facilement ses compagnons, ou bien encore il ne fondera pas ces murs avec du béton parce que son père et les voisins jugent cela coûteux et inutile ; alors ces murs, épais et bien construits d'ailleurs, se lézarderont avant peu ; jamais il n'emploiera de ciment ou de chaux hydraulique ; surtout si sa maison est humide ou malsaine il ne la drainera pas, et lui et les siens y seront malades.

Pères de famille, vous voudrez laisser à vos enfants des propriétés en bon état et vous vous ruinerez en constructions inutiles ou luxueuses; parce que bâtir est ruineux, vous n'entretiendrez pas, vous ne réparerez jamais vos constructions et vous ruinerez ainsi vos héritiers.

L'individualisme est toujours la dupe ou la victime de quelque préjugé d'éducation, de position, d'opinion, de naissance ou de caractère, l'association lui est mille fois préférable, en tout et pour tout.

Propriétaires absorbés par votre agriculture ou vos spéculations, quels moyens avez-vous pour être au courant des améliorations accomplies en toutes choses? Avez-vous le temps ou la patience de lire ces beaux ouvrages traitant et recherchant les progrès sociaux ? Non, vous lisez pour vous distraire. et alors c'est Alexandre Dumas. Paul de Kock ou même Eugène Sue que vous choisissez, plutôt que le bon et utile journal des architectes du savant César Dally ou les remarquables écrits des Joigneaux, Barral, Richard du Cantal etc., ou bien encore ce journal plein d'avenir qui paraît sous ce nom : « *Le Bâtiment.* »

Vous le voyez, même au propriétaire placé par la providence dans les conditions les plus exceptionnelles, la compagnie peut rendre de fréquents et notables services.

Il est deux faits notoires au XIXe siècle : la faiblesse de l'individu qui s'isole, et la puissance de l'association. Nous croyons avoir prouvé la grande difficulté . la presque impossibilité de bien surveiller ses bâtiments pour tout homme dans une position médiocre et doué d'une intelligence ordinaire. Nous pensons en avoir démontré les causes. Ce qui est si difficile à l'individu est, selon nous, aisé ou au moins bien possible à une société. En effet, il est peu ordinaire de trouver des hommes réunissant diverses aptitudes au même degré ; mais il est assez commun d'en rencontrer réussissant parfaitement dans un métier ou une science unique.

Rien n'empêche une société d'employer différentes capacités, chacune dans son genre et de les y absorber entièrement. Voilà, selon nous, une des causes de la puissance de l'association. La première condition, la condition essentielle pour réussir dans une carrière agricole, littéraire ou industrielle est d'y consacrer son esprit et son temps. Ils ont raison ceux qui disent : *Age quod agis.*

Donc cette société d'assurance aura nécessairement à sa tête des hommes capables d'en arranger l'organisation, et des ouvriers intelligents, excellents même, chacun dans sa partie. La comptabilité et le travail y seront surveillés et tenus mieux que chez quelque particulier que ce soit. Elle aura sans doute un habile architecte par département et un représentant par arrondissement, par canton quelquefois ; ceux-là veilleront aux bâtiments et les visiteront attentivement non moins souvent et , à coup sur , aussi bien que le propriétaire. Nous traiterons plus loin et plus au long l'organisation de la compagnie. Si nous en disons un mot ici c'est seulement pour qu'on ne jette pas cet opuscule sans le lire en disant : *Utopie.* Nous avons la prétention de prouver que la compagnie peut fonctionner et que son existence peut être difficile, mais pas du tout impossible. Seulement, disons-le tout de suite, admettons qu'elle réussisse, qu'elle fonctionne, elle a au moins cet avantage : elle supprime, d'un seul coup, les trois quarts des discussions qui existent et existeront entre le propriétaire, le locataire, le fermier et le colon ; ajoutons même qu'elle rend service à tous. En effet, ces discussions proviennent souvent, presque toujours, des réparations ou des bâtiments. Inutile de prouver, personne ne le conteste, le désavantage qu'il y a pour chacun des trois, quand le propriétaire, le fermier et le colon ne s'entendent pas. Par la faute du premier, par son incurie , souvent les bâtiments tombent ; car alors il ne visite plus ses domaines et il ne les répare pas, n'étant jamais prévenu à temps, les constructions finissent par tomber. Le fermier alors invoque le code. Le maître, forcé par la raison ou par les tribunaux, cède et fait des réparations, mais malgré lui, parce qu'il a compté sur cet argent qu'il regarde comme perdu. Il se promet de faire expier au fermier ce qu'il appelle une faute, fait exécuter le bail à la lettre et exige ses termes à échéance. Voilà une brouille des plus envenimées. Le fermier de son côté joue plus d'un mauvais tour au propriétaire; il épuise les champs qu'il sait ne pas devoir garder après le bail fini; deshonore les arbres ou les élague à contre-temps: il décrie partout le maître, qui est privé alors du plaisir de visiter ses terres où il sait trouver un ennemi. Franchement, en temps ordinaire, quel possesseur d'immeubles loués ou affermés visite ses domaines ou maisons avec plaisir, avec tranquillité même? Souvent il n'ose pas entrer chez ses colons parce qu'on l'y accablera de demandes de réparations; les fermiers, locataires ou métayers ne lui ménageront jamais les requêtes, car en définitive elles leur coûtent peu et c'est un principe admis à la campagne de se plaindre de sa ferme ou de son colonnage, quelque désolé qu'on fût de les quitter. Donc l'intérêt du maître lui conseillera d'assurer l'entretien de ses bâtiments. Supposons ce propriétaire riche, très-riche; il se débarrasse au moyen d'une dime prélevée sur ses revenus, de tracas, d'ennuis, de surveillance etc. Cette dime sera insignifiante pour lui puisque nous le supposons doté d'une grande fortune.

Si sa position est modeste, à plus forte raison, il n'aura plus à trembler devant le moindre coup de vent, la moindre grêle qui, en jettant par terre ou en endommageant un bâtiment, risque de le ruiner lui et sa famille.

Ajoutons que dans les positions modestes, mais honorables, c'est là qu'on a généralement le plus d'ordre; c'est là surtout qu'on aime la fortune sans risques, solide, bien assise, bien sérieuse. On y veut pouvoir se dire: « J'ai tant, je dépense tant, reste tant. » Ceux-là donc seront aussi les clients de la compagnie. Reste le propriétaire riche, mais peu aisé, celui dont toute la fortune est territoriale; qui par conséquent ne tire que deux ou trois pour cent de ses capitaux; a-t-il assez d'avances pour parer à un désastre quelconque qui lui a renversé un bâtiment ? Hélas ! non, cependant le fermier exige qu'on relève sa grange. Dans ce cas le maître est obligé de s'adresser au banquier ; il lui faut sept ou huit mille francs ; on les lui prête à six pour cent ! avec le droit de commission, c'est de l'argent qu'il emprunte à sept et qu'il place lui à zéro pour cent. Celui-là certes s'assurera, s'il est doué d'un peu de raison. Et même supposons que le vent, l'orage et la grêle le laissent tranquille, lui qui a de la famille à élever, a-t-il de l'argent de reste pour faire les quelques grosses réparations auxquelles il est exposé de temps à autre ?

Donc la compagnie trouvera déjà pour client tout individu préférant un revenu certain, sérieux à un revenu fictif et nominal. Le jour où elle fonctionne le propriétaire se dit : « J'ai tant de revenu ; » Jusque-là il n'a que le droit de dire : « Mes propriétés sont affermées tant. »

Qu'ils se tranquillisent ceux qui craindraient d'exposer leurs fermiers ou locataires aux vexations et chicanes d'une avare compagnie. La société sera la bienfaitrice de tout le monde, son intérêt la condamne (enviable condamnation !) à la philanthropie ; que les propriétaires assurent leurs bâtiments, le fermier et le métayer y trouveront leur profit. En effet, la compagnie a tout intérêt à se montrer juste, conciliante, facile même si elle veut attirer les clients. Elle ménagera votre colon, pour qu'il soigne les bâtiments où il habite et qu'il assure ceux qui lui appartiennent. En tout cas le propriétaire, le locataire ou le fermier n'ont qu'à offrir un petit avantage à la compagnie et elle leur accordera les quelques réparations demandées.

Il est un fait connu : les réparations ou constructions, hideux spectre rouge de la propriété, donnent aujourd'hui matière à de machiavéliques tracasseries qui seront alors pleinement supprimées.

Citons un exemple entre mille : un propriétaire de notre connaissance avait affermé, en MVCCCXXXIX, sa terre composée de quatre domaines. Le fermier se trouvait à terme en MVCCCLXI. Quelqu'un arrive demander cette ferme; on tombe d'accord, et il est convenu qu'en MVCCCLXI aura lieu le changement de fermier. La première chose qu'a exigée le nouveau. ce sont des réparations et même des constructions, et il demande qu'on les lui fasse avant son entrée en ferme. Le propriétaire, qui en a fait très-peu jusqu'alors, s'exécute pour augmenter ses revenus, et il exige du fermier sortant tous les charrois nécessaires aux constructions ou réparations dont jouira son remplaçant.

Est-ce juste? Oui, aux yeux de la loi, parce qu'il est dit dans ce bail, comme dans presque tous les baux, que le fermier exécutera tous les charrois quelconques nécessaires aux réparations ou constructions que fera le propriétaire, et devra toutes les supporter, durassent-elles plus de quarante jours.

Est-ce juste aux yeux de la morale? Non, mille fois non; le propriétaire et le nouveau fermier font travailler l'ancien à une chose dont il ne jouira pas; ils gênent ses semences, diminuent la valeur de ses cheptels. etc.

Autre exemple : cette terre composée de quatre domaines est affermée à quelqu'un pour un laps de douze années. Au bout de trois ans, le fermier renvoie un métayer (trois ans, c'est la durée ordinaire des baux à colonnage dans notre département!) Il s'entend avec le nouveau colon qui, avant de traiter. exige des réparations, sans quoi il ne prendra pas le domaine. C'est pourtant celui des quatre qui en a le moins besoin. Peu importe, le fermier tracassera le propriétaire jusqu'à ce qu'il les lui aie accordées, et il ne lui parlera pas des autres domaines. Enfin, de guerre lasse, le maître cède. Est-ce bien loyal au fermier? Est-ce bien sage au propriétaire?

La compagnie, au contraire, fera des réparations alors, mais alors seulement qu'elles seront nécessaires, et elle aura des occupations plus sérieuses et plus lucratives que celles de tracasser qui que ce soit.

Ce que nous disons des bâtiments ruraux s'applique également aux constructions urbaines. C'est là que le propriétaire et le locataire sont continuellement à se plaindre, le premier, que toujours on lui demande, le second, qu'on ne lui accorde jamais. Il en résulte une chose : c'est que l'un dégoûte l'autre de son immeuble, en n'y dépensant jamais une obole, par suite de ce stupide raisonnement : « Je n'habite pas cette maison ; elle est bien bonne pour mon locataire, il est assez riche, qu'il fasse les réparations à ses frais, s'il les veut. » Le locataire un beau jour, ennuyé de ce mauvais vouloir, quittera votre immeuble ; vous vous trouverez en face d'un nouvel individu qui, avant de terminer son marché, exigera des changements notables et importants. Il vous en coûtera bien cher pour n'avoir pas voulu entretenir cette maison et y faire quelques légères et utiles réparations.

Et dans quel piteux état sont généralement les maisons louées ! Les possesseurs de ces bâtiments ne les réparent presque jamais par négligence, incurie, gêne, inhabileté, faux calcul, avarice ; le locataire, avec raison, ne fait que de légers et fort économiques replâtrages. Maison négligée c'est presque maison détruite, le propriétaire insoucieux ou avare s'en aperçoit trop souvent.

La compagnie peut seule obvier à ces inconvénients. Elle aura, croyons-nous, autant de clients au moins dans les villes que dans les campagnes.

Beaucoup de gens n'aiment pas à avoir pour fermiers, locataires, débiteurs, voire même pour créanciers ou propriétaires, un individu avec qui ils aient des rapports sociaux très-fréquents ou très-intimes, parce que ces rapports les forcent à passer sur une foule de bagatelles qui, additionnées ensemble, ont à la fin leur valeur. La compagnie les débarrassera de tous ces ennuis. Pour elle il n'y a que le droit, la justice et l'équité. Cette société, nous l'avons prouvé, sera bonne toujours, dupe jamais. On lui obéira et la servira mieux que vous, propriétaires, dont les colères, l'importance et les menaces produisent parfois si peu d'effet.

Souvent les personnes qui ont besoin de matériaux de construction s'adressent à leurs fermiers ou locataires, marchands de bois, de fer, de tuiles, de pierre, de chaux, de briques, etc. ; et cela parce qu'on leur a dit : « Monsieur, je suis marchand, il vaut mieux faire gagner de l'argent à moi, votre fermier ou votre locataire, travaillant chez vous et pour vous, que ruiner mon bétail, en l'envoyant au loin, prendre, chez d'autres, les fournitures que j'ai sur place. » Beaucoup de propriétaires se rendent à ce raisonnement ; tout ce qu'ils achètent coûte toujours fort cher et ne vaut jamais rien. Alors ils se fâchent, tempêtent, parlent même de procès. Les fermiers ou locataires répondent, suivant leur intérêt, tantôt par des excuses, des câlineries ou des protestations, tantôt par des impertinences. Les propriétaires jurent qu'ils ne passeront plus aucun marché avec ces hypocrites ; qu'ils vont leur intenter un procès. Puis, à la première réparation ou construction qu'ils ont à faire, ils ne pensent plus à changer ces fournisseurs imposés que leur intérêt rend toujours aussi déloyaux mais beaucoup plus obséquieux..... pour quelque temps au moins.

Nos lecteurs penseront peut-être, qu'avec l'impôt, l'assurance contre l'incendie, la grêle, la gelée, l'inondation, la mortalité des bestiaux, l'entretien des bâtiments il ne restera plus rien au propriétaire.

L'homme riche n'est pas celui qui a beaucoup de revenus, mais celui qui en possède plus qu'il ne lui en faut. L'homme sage et intelligent, le bon père de famille doit chercher, non pas à se faire d'immenses revenus, mais à s'en créer de sûrs, certains, réels et non pas fictifs et nominaux.

Une preuve que les assurances, la plupart au moins, ne sont pas si ruineuses, c'est la fureur avec laquelle court après leur immense clientèle.

Ils sont bien rares les hommes obligés d'avoir recours à toutes ces assurances contre l'incendie, l'entretien des bâtiments, la mortalité des bestiaux ; mais s'il en est, ils feront peut-être bien de toutes les employer. Ils gagneront, à cette manière d'agir, de s'éviter les émotions terribles que peuvent causer la pluie, le vent, un nuage, etc. Et puis leur fortune sera sûre et à l'abri de toute catastrophe. Quoiqu'on dise, nous doutons fort que, toutes ces primes payées, il ne leur reste pas de quoi vivre grassement même, et réaliser de notables économies. En effet, règle générale, quand on a beaucoup à perdre, c'est une preuve qu'on est bien riche. Ce n'est pas au mendiant que l'Allier ou la Loire a jamais enlevé trente ou quarante hectares de précieux chambonnage.

Voilà la triste histoire de beaucoup de propriétaires. Elle ne nous coûte aucun frais d'imagination, nos yeux l'ont vue reproduite bien souvent. Ils se disent d'abord : « Affermons nos immeubles; tirons-en tout ce que nous pourrons; n'y dépensons rien, soit pour réparation, soit pour amélioration. » Ce propriétaire jouit du présent et ferme les yeux afin de ne pas voir l'avenir peu attrayant du reste. Il s'est créé de beaux revenus pour satisfaire ses fantaisies ou celles de ses enfants. Quinze ans se passent, les constructions se détériorent; le maître est toujours aveuglé; c'est à peine s'il consent à faire les réparations les plus indispensables. Quinze ans après, il est obligé de reconstruire ou de vendre ses immeubles. Alors, pour ne pas diminuer, annihiler même ses revenus, il se décide à aliéner ses terres. Il le fait toujours dans de mauvaises conditions, à cause du dégoût et des craintes que lui inspirent ses propriétés, du mauvais état dans lequel y sont les bâtiments, et de la dépréciation que le fermier fait partout des terres qu'il ambitionne d'acquérir, en tout ou en partie.

Règle générale : on se contente d'un revenu faible, mais sûr et bien réglé quand on a du bon sens et de la philosophie; mais on ne supporte jamais de voir diminuer ses rentes ; chacun se fait un besoin de ses revenus, quelque grands qu'ils soient.

On nous reprochera de faire de l'incurie des propriétaires une affreuse et navrante peinture, mais heureusement bien exagérée ; beaucoup de personnes possèdent des constructions très-belles, très-vastes, parfaitement soignées et entretenues.

Là, comme toujours, il est des exceptions ; seulement elles confirment la règle, voilà tout. Nous connaissons un certain nombre d'individus qui entretiennent très-soigneusement les propriétés où ils habitent. C'est là qu'ils invitent leurs amis et qu'ils provoquent leur juste admiration. Ils se gardent bien de montrer telle ou telle de leurs propriétés affermées. Là nous doutons fort que même les mieux disposés admirent les pauvres constructions qui s'y trouvent.

Un de ces hommes très-intelligents qui gèrent eux-mêmes leurs affaires et s'en occupent sérieusement nous disait, il y a quelques jours à peine : « Dans la propriété que j'habite et que j'administre, mes bâtiments sont bien entretenus, et je n'y dépense pas énormément. Tout le contraire a lieu pour mes immeubles loués ou affermés. Là je me ruine en réparations et sans que jamais les bâtiments puissent être en bon état. On dirait que mes fermiers ou locataires ont juré de tout dégrader, de tout briser. A la première occasion, je vendrai ces biens et je tâcherai de grouper toute ma fortune immobilière autour de mon habitation. Ah ! s'il existait une compagnie pour l'entretien des bâtiments ! je ne serais pas réduit à opérer ces revirements pénibles et dispendieux. »

Et celui qui a prononcé ces paroles, si vous lisez les comptes rendus des concours agricoles, vous avez vu son nom cité plus d'une fois avec les plus grands éloges.

Nous croyons donc avoir droit de le dire, l'intérêt de la propriété du pays et de la société en général réclame la création d'une compagnie pour la construction et l'entretien des bâtiments.

Mais cette compagnie est-elle impossible à créer ? Non.

Peut-elle fonctionner ? Oui, et nous espérons le prouver.

DEUXIÈME PARTIE.

Cette Société peut s'organiser et fonctionner.

Livrés à nos seules et faibles forces, nous allons essayer quelques théories : heureux si ces lignes peuvent attirer l'attention des hommes de pratique, de science, d'intelligence et d'initiative. Nous profiterions avec bonheur des conseils ou même des critiques qu'on voudrait bien nous adresser !

L'assurance, la Société si l'on préfère, peut-être : 1° Mutuelle, 2° Par actions. Si elle est mutuelle, on a un formulaire auquel nous conseillons d'avoir recours. Nous souhaitons que cette future Compagnie soit aussi bien dirigée que sa sœur aînée, la *Mutuelle* de l'Allier contre l'incendie. Celle-ci fonctionne admirablement et obtient de brillants résultats, la preuve c'est que les fils de ceux qui les premiers l'ont patronnée et y ont eu recours, ont touché un magnifique boni en MVCCCLVI et ont aujourd'hui leurs propriétés assurées contre l'incendie à peu près pour rien. Cet avantage doit les consoler des quolibets sans nombre qu'ont essuyés leurs pères traités d'utopistes par les hommes prétendus sérieux de l'époque. Inutile d'analyser ces statuts et de nous y appesantir : disons seulement que les meilleures idées y fourmillent.

Si, au contraire, la société se monte par actions on trouvera assez de Compagnies fonctionnant très-bien et donnant de magnifiques résultats. On peut, dans ce cas, avoir recours à leurs statuts et y puiser de bonnes et saines idées, citons le *Phénix*, la *Générale*, l'*Union*, la *Providence*, etc.

Il est bien entendu que ces différentes Sociétés assurant

contre l'incendie, on sera obligé de modifier leurs statuts et de les adapter à ceux d'une Compagnie ayant une autre destination : celle de la construction et de l'entretien des bâtiments.

Voici, selon nous, comment devra procéder la Compagnie :

Et d'abord nous trouvons deux intérêts opposés : celui de l'assuré qui voudra peu, fort peu payer, celui de l'assureur qui voudra beaucoup, beaucoup exiger. Aux hommes compétents, sérieux à les mettre d'accord. Voilà une des rares occasions où l'on peut espérer parvenir à contenter tout le monde.

Essayons d'aborder cette question. On peut, selon nous, se baser, soit sur la valeur vénale, soit sur la valeur locative des bâtiments. Ce serait, nous le répétons, aux hommes compétents à se prononcer là-dessus. Et d'abord on fera comme à la *Mutuelle* de l'Allier contre l'incendie : on divisera les bâtiments assurés en plusieurs catégories. Effectivement cette Société a eu le bon sens d'exiger plus pour les bâtiments couverts en paille que pour ceux couverts en tuiles, pour ceux construits en pans de bois que pour ceux où il n'entre que de la chaux, de la pierre ou de la brique. Elle a raison, les uns offrant bien plus de prise que les autres aux fureurs de l'incendie.

Divisons les bâtiments assurés en trois catégories : les premiers paieront un demi pour cent sur la valeur vénale ou locative (vénale nous semble plus rationnel), les seconds un pour cent, les troisièmes un et demi. Faites même, si vous voulez , une quatrième classe , laquelle paiera deux pour cent. Ce sera à l'expert de l'assureur (la Compagnie), et à celui de l'assuré à fixer dans laquelle de ces quatre catégories on rangera les bâtiments.

Le jugement par experts est, il est vrai, souvent bien défectueux ; mais enfin il est, jusqu'à présent, celui qu'emploient et conseillent le plus volontiers les hommes sensés, tout en criant beaucoup contre lui, jusqu'à preuve du contraire, nous le croirons moins coûteux et certes bien aussi sûr que celui des tribunaux. Ceux -ci sont loin d'être unanimes sur beaucoup de

questions et, en fin de compte. et ils ont souvent recours eux-
mêmes aux experts avant de prononcer un jugement. Il reste
à faire une supposition : c'est que, soit la Compagnie, soit l'assuré, corrompra les deux experts. Il faut qu'on soit bien riche,
bien habile pour acheter à un homme la réputation de probité
à laquelle il a droit. puisqu'il n'a jamais encouru de condamnation ni même d'accusation sérieuse, et celle d'habileté à laquelle
il prétend, puisqu'il fait des expertises dont il tire de quoi
faire vivre, enrichir même sa famille. Et puis il a prêté ser-
ment, et s'il était prouvé qu'il s'est laissé corrompre. il serait
punissable.

Revenons à la question : ces chiffres, un demi, un, un et
demi et même. si vous y tenez absolument. deux pour cent
nous paraissent satisfaire à peu près tous les intérêts et toutes
les ambitions.

Nous connaissons un grand nombre de propriétaires qui ac-
cepteraient de grand cœur cette charge. quoique lourde assurément.

Supposons la Compagnie organisée, son capital souscrit ;
elle fonctionne enfin : quelqu'un veut assurer les bâtiments
de sa propriété. Elle se compose : 1º d'un château (aujour-
d'hui ce nom s'applique à tout), évalué quarante mille francs ;
2º de quatre domaines dont les bâtiments sont estimés quarante-huit mille francs ; 3º de cinq locateries évaluées sept
mille francs ; cela fait un total de quatre-vingt quinze mille
francs : elle est affermée dix mille francs. Le propriétaire n'hé-
sitera pas, croyons-nous. à payer quatre cent soixante-
quinze. neuf cent cinquante, quatorze cent vingt-cinq francs ;
peut-être même consentira-t-il à se laisser condamner à en
donner dix-neuf cents. pour être débarrassé de tout tracas.
Nous connaissons plus d'un individu disposé à agir ainsi
pourvu que la Compagnie soit solvable. sérieuse, consciencieuse
et bien dirigée. Cependant nous citons une exception : toutes
les fois que dans quatre domaines il y a pour une valeur de
quarante-huit mille francs de bâtiments, il est permis de sup-

poser que la propriété est assez bien entretenue. Les experts
ne la taxeront donc pas à deux pour cent et n'en rangeront
jamais l'assurance dans la dernière catégorie.

Le maître va trouver le directeur de la Société qui appelle
l'expert de la Compagnie. On fait venir celui du propriétaire.
Tous les deux reconnaissent, par eux-mêmes ou par d'autres
experts appelés, eux n'ayant pu s'accorder, que les bâtiments
susdits valent quatre-vingt quinze mille francs.

Si le client donne donc en inventaire des bâtiments d'une
valeur de quatre-vingt quinze mille francs, au bout de dix
ou de vingt ans, suivant la durée de l'assurance ou de la
société, on doit rendre au client des bâtiments évalués, à dire
d'experts, quatre-vingt quinze mille francs, moins une diminution pour l'usure ou le service, laquelle usure devra être
prise en considération.

A ce propos, comment s'arrangera-t-on pour la fixer ?
Deux manières se présentent à notre esprit : la première, et
elle nous plaît d'avantage, c'est que la Compagnie évalue à
tant pour cent l'usure des bâtiments, comme elle a déjà fait
pour la quotité de la prime. Elle les divise en trois ou quatre
catégories, suivant le bon ou le mauvais état dans lequel ils se
trouvent au moment de l'assurance. La première catégorie,
au bout de vingt ans, perdra un pour cent, la seconde deux,
la troisième trois et enfin la quatrième quatre pour cent sur
la valeur vénale ; la seconde manière est celle-ci : que les
experts fixent eux-mêmes cette diminution ou perte dès le
commencement de l'assurance.

Si aucun de ces modes d'opération ne convient au lecteur
qu'il prenne patience : un peu plus loin nous parviendrons
peut-être à satisfaire ses justes prétentions.

Revenons à notre traité d'assurance :

La Compagnie devra donc laisser au client, après dix,
quinze ou vingt années, des bâtiments estimés quatre-vingt
quinze mille francs, moins la somme représentant l'usure de
ces constructions ; évaluons cette somme à trois mille quatre

cents francs, par exemple : à la fin de l'assurance, la Société lui rendra donc des bâtiments estimés par les experts quatre-vingt onze mille six cents francs. Si au lieu de ce chiffre, les experts ne trouvent plus que celui de quatre-vingt dix mille francs, eh bien ! la Compagnie paie seize cents francs et l'on est quitte. Supposons que la Société, au contraire, rende au client des bâtiments évalués quatre-vingt dix-sept mille francs il lui compte cinq mille quatre cents francs et tout est dit.

Cette soulte que les propriétaires auront à payer, à la fin du traité, n'atteindra jamais des proportions phénoménales. La Compagnie sait que maison bâtie et vigne plantée se vendent rarement ce qu'elles ont coûté..... à dire d'experts surtout. Et puis, croyez-vous que si vos bâtiments ont été améliorés ou assainis, le fermier, à la fin du bail, ne vous paiera pas plus cher la maison où lui, sa famille et ses domestiques proprement et sainement logés se porteront mieux, partant travailleront davantage ; les granges où les récoltes seront bien à couvert, à l'abri de la pluie et du mauvais temps; les étables et écuries où le bétail, confortablement installé, engraissera plus vite, rendra de meilleurs services ? Vous tirerez sept, huit et neuf pour cent de la soulte que les experts auront fixées.

La Compagnie pendant ces dix, quinze ou vingt ans, entretiendra vos bâtiments en bon état de réparations grosses et menues. De plus, subrogée qu'elle sera aux droits du propriétaire, elle devra veiller à ce que les locataires, colons ou fermiers fassent les réparations locatives ou autres auxquelles ils sont assujettis par la loi et leurs baux, ou l'indemnisent, s'ils ne les exécutent pas. Tel sera son devoir, tel sera son intérêt.

Il est quelques personnes qui vont s'effrayer. Elles trembleront encore à la pensée que la Compagnie, à la fin de l'assurance, leur demandera tant pour cent pour l'usure et le service des bâtiments et que, soit pour une cause, soit pour une autre, elles auront un remboursement à faire à la Société à cette époque-là.

Que les parties contractantes stipulent, au commencement de l'assurance, qu'un bâtiment ne devra jamais être évalué à l'expiration du contrat, plus d'un dixième, d'un neuvième et en sus du chiffre de la première expertise. Cette clause pourra souvent être admise par les deux parties, surtout quand les constructions assurées ne seront pas en très-mauvais état.

Il est encore un autre moyen excellent, selon nous, de supprimer cette cause de frayeur pour l'assuré ; d'ennui et de dérangement pour la Société.

Que la Compagnie stipule avec le client que sitôt la police ou le contrat signé, on mette l'immeuble assuré en parfait état de réparations quelconques ; mais que le propriétaire paiera de suite, sans compter la prime annuelle, la quatrième, la cinquième ou la sixième (c'est un chiffre à fixer), partie du coût de ces premières réparations.

On serait ainsi dispensé de faire un inventaire des bâtiments, d'en calculer l'usure, le service, etc. La société et le client sont délivrés l'un et l'autre d'avoir plus tard une forte somme à débourser. Ils n'auront plus tous deux, savoir : la Compagnie qu'à toucher la somme et la prime annuelle dues par le client, l'assuré qu'à les payer et à recevoir ses bâtiments en bon état à la fin de l'assurance.

Bien entendu, en ce cas, comme toujours, on ferait plusieurs catégories. Pour tel bâtiment fort mauvais, le propriétaire devrait contribuer aux réparations dans une proportion plus forte que pour telle autre construction en très-bon état.

Cette mesure offrirait un autre avantage : l'assuré solderait de suite ce cinquième ou ce sixième et la Compagnie ne paierait l'entrepreneur qu'au bout de six mois ou d'un an même, terme de garantie ; tout au moins elle prendrait un escompte. Elle gagnerait donc l'intérêt de six mois assurément. Ce n'est rien pour l'assuré, mais pour la Société c'est énorme ; parce qu'une petite somme répétée souvent, en fait une immense.

En ce cas voici comment on procéderait : je fais une demande à la Compagnie pour assurer mes immeubles ; j'en présente un plan indicatif et détaillé. La Compagnie envoie visiter mes bâtiments.

Après mûr examen, la Compagnie me dit : « Pour mettre vos immeubles en bon état de réparations, et voici nos devis et nos plans, il faut dépenser tant ; vous paierez la quatrième, la cinquième, la sixième partie de cette somme tout de suite, si vous voulez ; ou bien, si vous le préférez, en tant d'annuités calculées proportionnellement au capital formé par cette quatrième, cinquième, sixième partie, comme on fait à l'égard du Crédit foncier pour les capitaux qu'il prête. Outre cela, vous nous paierez une prime annuelle fixée à tant.

De plus, au cas, peu probable du reste, où par suite de revers, ou de non succès au moins, nous serions obligés de liquider avant que votre traité eût pris fin, vous nous rembourserez tant, pour chaque année à déduire, sur la somme dépensée par nous, pour mettre vos bâtiments en bon état, dès la première année de ce traité.

Somme toute, on a deux manières d'opérer : 1° par inventaire fait la première année et en tenant compte ensuite de l'usure des bâtiments, 2° en réparant entièrement la première année et en faisant payer au propriétaire une partie de ces réparations. On pourra choisir de ces deux modes le meilleur et le plus rationnel.

Ou j'accepte et me voilà assuré, ou je refuse et je rembourse à la Compagnie ses frais et débours ; voilà tout.

Il est évident que le maître pourra toujours augmenter tant qu'il voudra ses granges, étables, écuries, s'il ne les trouve plus suffisantes pour loger les récoltes et cheptels de sa propriété améliorée.

Seulement, bien entendu, on fera une nouvelle estimation, un nouvel inventaire et la police d'assurance sera augmentée, voilà tout. N'agit-on pas de la sorte à la *Mutuelle* de l'Allier contre l'incendie ?

Allons plus loin : le propriétaire craint-il quelque contestation, qu'il construise un bâtiment neuf près des anciens et qu'il l'assure ou ne l'assure pas à la Compagnie. Dans le premier cas, on augmentera sa police, dans le second, il entretiendra cette nouvelle construction à ses frais et le premier traité subsiste dans toute son étendue et sans y changer un *iota*.

Il ne faut pas s'effrayer à la pensée qu'il est tant de maisons, fermes et domaines qui tombent de vétusté, de mauvais état, où les charpentes ne valent rien, où les murs sont de chétives marelles, en un mot où les réparations seraient impossibles, inutiles au moins.

Et d'abord il est facile de rassurer l'actionnaire, en lui rappelant que la Compagnie se réservera le droit de refuser une assurance quelconque qui lui paraîtrait onéreuse, sans en donner le motif au demandeur. La *Mutuelle* de l'Allier agit ainsi et nous ne visons pas à faire mieux qu'elle.

Dans ce cas d'ailleurs, la prime d'assurance sera assez élevée et puis on fait un inventaire des bâtiments au commencement et à la fin de chaque bail d'assurance. La Compagnie ne perdra donc pas à conclure marché, même pour des bâtiments qui tombent en ruine.

Enfin si ces détails ne vous conviennent point ou si l'on ne veut pas procéder de la sorte, la Compagnie peut dire au client : « Votre immeuble menace ruine ; vous n'y faites que de légers replâtrages ou rajustages insignifiants, inutiles, et, à la fin, très-coûteux ; nous allons le faire rebâtir dans telles conditions, sur tel plan qu'il vous conviendra. Vous supporterez une partie de la dépense : le tiers, la moitié, les deux tiers, etc. Alors, mais alors seulement, nous nous chargerons, moyennant une prime annuelle, de le tenir en bon état de réparations et d'entretien. »

L'actionnaire dira : « Mauvaise spéculation, trop dispendieuse au moins. » Le client répondra : « Je n'ai pas d'argent ou plutôt de capitaux suffisants. »

Le **Crédit foncier**, ce chef-d'œuvre de conception, a pour base une idée vraie, juste et pratique, appliquons-la à notre profit.

Ne peut-on pas dire au client : « Nous vous construirons une maison, une grange, etc., sur tel plan et dans telles conditions que vous voudrez, et vous nous rembourserez en tant d'annuités : six, dix, quinze, vingt, etc. Bien entendu, ces annuités se traduiront par des chiffres proportionnels au capital de construction dépensé par la Compagnie , comme ceux du Crédit foncier se proportionnent au capital prêté et au temps plus ou moins long qu'exige l'emprunteur.

Alors le propriétaire très-obéré, ou au moins n'ayant pas de capitaux et n'en voulant pas emprunter à des conditions ruineuses, n'est plus embarrassé. Il prélève une faible somme sur ses revenus, sur ses appointements, car il aura soin de prendre beaucoup d'annuités, c'est-à-dire un long terme. Ainsi il pourra attendre des temps meilleurs, sans voir, comme cela n'est que trop souvent arrivé, une construction ruiner sa famille et lui. Qu'il patiente seulement, ces temps meilleurs doivent forcément venir , ne fût-ce qu'à l'époque ou lui , ou les siens , auront payé leur dernière annuité. Sans attendre aussi longtemps, il doit peut-être espérer le dégrèvement de sa fortune. Il peut, soit vendre avantageusement une de ses terres, un de ses immeubles, soit recueillir la succession d'un de ses parents, soit voir s'éteindre le viager ou la rente qu'il paie. Enfin lui-même, ou à son défaut, un de ses enfants peut, ou par des spéculations lucratives, ou par un mariage avantageux, devenir assez riche pour être enfin possesseur de la propriété libérée, améliorée et rebâtie.

Alors encore l'homme très-avare est tout aussi content que le premier. Il traite avec la Compagnie, prend un certain nombre d'annuités, fait un peu plus d'économies encore, et voilà sa propriété reconstruite. Il lui semblera que ces utiles et belles constructions ne lui ont rien coûté.

On va nous dire que le Crédit foncier permet au propriétaire de se passer d'une Compagnie traitant sur ces bases. Ceux que nous venons de citer ainsi que tous les hommes raisonnables, n'importe leur position de fortune, vous diront qu'ils préfèrent s'adresser à une Société qui leur avancera son argent au même taux à peu près que le Crédit foncier, et de plus les empêchera de le gaspiller en réparations ou en constructions défectueuses, peu solides, peu durables et mal ordonnées.

Si l'actionnaire trouve encore cette spéculation mauvaise ou trop dispendieuse nous lui dirons qu'il réunit deux genres d'affaires : l'un fait la fortune du Crédit foncier, l'autre celle de la fusion immobilière et d'une foule d'entrepreneurs. Nous serions malheureux si de ces deux sources du Pactole découlait notre ruine.

Il est une spéculation que la Compagnie doit absolument faire, peut-être pas tout de suite, mais dans un avenir très-prochain. Cette spéculation promet les résultats les plus certains, les plus avantageux. Les entrepreneurs qui construisent un bâtiment à forfait ne veulent et ne peuvent le garantir que pendant une année, jamais plus. Rien n'empêche la Compagnie de prendre des constructions à l'entreprise et de les garantir pour cinq, dix, quinze ou vingt ans. Elle devra, pendant tout ce temps-là, entretenir ces bâtiments et de plus les rendre en parfait état au propriétaire. Celui-ci de son côté devra subir certaines conditions et payer tel capital, telle somme ou telle quantité d'annuités.

Appliquons nos théories : elles en deviendront plus saisissables encore et personne n'osera qualifier d'utopie ce qui convient admirablement à tant de positions diverses.

Vous êtes propriétaires d'immeubles ruraux, c'est-à-dire de domaines, ou bien d'immeubles urbains, c'est-à-dire de maisons.

Dans le premier cas, vous avez trois modes d'administration :

Le premier consiste à les cultiver vous-même, par domestiques ou par ouvriers. Dans ce cas, bien rare aujourd'hui, vous améliorez beaucoup vos immeubles et faites de sûres et

excellentes spéculations ; mais alors vous êtes un **homme rem-**
pli d'intelligence, de tact et d'énergie ; sinon, vous vous ruinerez infailliblement, tout en prenant beaucoup de soucis et
de labeurs. Qui que vous soyez enfin, vous aurez bien assez
d'occupations pour vouloir vous débarrasser de la surveillance
de vos bâtiments, et puis vous êtes exposé à plusieurs accidents
pouvant exiger l'emploi momentané de toutes vos ressources ;
il est donc de votre intérêt d'assurer l'entretien de vos constructions. Eh bien ! alors vous traitez avec la Compagnie, laquelle dépensera une somme de..... (dont, nous l'avons dit
plus haut, une partie est à votre charge), pour mettre vos constructions en parfait état. Cela fait , moyennant **la** prime
annuelle que vous lui paierez, elle sera tenue d'empêcher
qu'il pleuve dans vos logements, et qu'il s'y détériore quoi que
ce soit. De plus elle devra vous laisser, au bout de dix ou vingt
ans, époque de la fin de votre assurance, des bâtiments en
bon état ou bien vous indemniser si elle ne le fait pas.

Dans le cas, au contraire, où vous avez procédé avec la Compagnie par inventaire des bâtiments, elle doit vous laisser, à
dire d'experts, au bout de dix ou de vingt ans, des constructions d'une valeur comparative à celle qu'elle aura reçues de
vous, moindre ou égale, suivant qu'on tient ou ne tient pas
compte de l'usure des bâtiments. Il est clair que s'il pleut dans
vos maisons et dans vos granges, ou si quelque chose y est détérioré par manque de réparations, vous aurez votre recours
contre la Compagnie. Elle, de son côté, vous demandera des
dommages et vous attaquera quand vous commettrez des dégradations méchamment ou sciemment. Vous devrez encore
payer exactement les sommes ou primes convenues. En un mot,
la Compagnie aura vis-à-vis de vous les mêmes obligations
qu'ont aujourd'hui les propriétaires à l'égard de leurs locataires ou fermiers, et vous aurez les mêmes vis-à-vis d'elle que
les fermiers ou débiteurs ont à l'égard **du** propriétaire et du
créancier.

Il est de plus évident que si vous voulez opérer des changements dans la distribution ou construction de vos immeubles, la Compagnie est là pour vous les exécuter moyennant, soit une somme d'argent une fois donnée, soit une augmentation de prime.

Si vous trouvez la Compagnie trop exigeante dans ses prétentions vous pourrez faire, nous l'avons dit, construire de nouveaux bâtiments à côté des anciens, lesquels seront ou ne seront pas assurés, selon ce qui vous conviendra.

Par là vous êtes débarrassés de votre plus grand ennemi et vous pouvez vous livrer tranquillement à vos travaux et spéculations agricoles. Il est plus d'un cultivateur de notre connaissance qui préfère rester fermier plutôt que devenir propriétaire, pour cette seule raison. Combien de meuniers, par exemple, aiment mieux louer qu'acheter un moulin, parce qu'ils ne se croient ni assez riches ni assez habiles pour y bien faire exécuter les réparations ou améliorations voulues.

Dès lors là, comme plus loin, vous aurez tous les avantages de la propriété, c'est-à-dire les agréments qu'elle offre et le brillant avenir qu'elle promet, à vous surtout qui vous en occupez avec soin.

Supposons maintenant que vous exploitiez vos immeubles à moitié fruit, c'est-à-dire par colons. Cette méthode offre encore des avantages ; vous pouvez ainsi améliorer votre terre, tout en vous délivrant des ennuis et des dépenses de la main-d'œuvre, partout aujourd'hui si rare et si difficile. De plus vous obtenez une grande influence autour de vous, mais là vous vous trouvez en face d'un écueil terrible : les réparations. Vous l'éviterez en vous adressant à la Compagnie, laquelle, moyennant une prime annuelle, vous délivre de toutes les obsessions et demandes incessantes de vos colons, entretient vos bâtiments et vous rend, au bout de dix ou de vingt ans, soit des constructions d'une valeur de....., soit des bâtiments en bon état, selon la manière dont vous aurez stipulé avec elle ; et dans le cas où elle chercherait à éluder ses engagements, des arbitres ou même les tribunaux sauront l'y contraindre.

Dès lors la Société n'a plus affaire qu'à vos colons. Elle doit les tenir clos et couverts et empêcher leurs bâtiments d'être mal entretenus. En un mot elle aura vis-à-vis d'eux les mêmes obligations que vous avez aujourd'hui. De plus si vos colons commettent des dégradations, elle réprimera ces méfaits mieux que vous, nous l'avons prouvé.

Quant au propriétaire, s'il cherche quelque chicane à la Compagnie, elle peut lui répondre : « Je dois vous garantir de toute réclamation de la part des colons au sujet de vos bâtiments ; je dois de plus, dans dix ou vingt ans, vous laisser des constructions en bon état ou atteignant telle valeur convenue. Ceci vous pouvez et devez l'exiger, sévèrement même ; hors de là vous n'avez rien à nous réclamer. »

Vous avez encore une manière d'administrer vos immeubles ruraux : c'est de les louer pour un fermage fixe et annuel. Voilà peut-être, malgré de sérieux et innombrables inconvénients, le mode le meilleur, puisqu'il est adopté généralement, presque universellement. C'est là surtout que vous sentirez le besoin, le manque absolu d'une Compagnie du genre de celle qui nous occupe. Quoi que vous fassiez, malgré vos dépenses considérables, vos soins assidus et vos stipulations, vous ne parviendrez jamais à mettre les bâtiments en bon état, car le fermier n'y portera aucun intérêt, aucune intelligence, aucune attention. Il ne vous demandera jamais que des réparations d'agrément, de luxe peut-être, et dont lui seul profitera. Il fera seulement et toujours, s'il jouit de votre confiance, des constructions peu solides, peu durables et néanmoins très-coûteuses ; car il n'y entend rien et veut surtout s'épargner des charriages ou de la surveillance. Nous n'avons jamais vu un fermier ne se plaignant pas des bâtiments qu'il occupe ; un propriétaire ne déplorant pas les dépenses et les craintes que cela occasionne.

Supposons la Compagnie existante : vous lui assurez, à certaines conditions, l'entretien de vos immeubles affermés. Dès lors elle est tenue à ce que vos fermiers n'aient jamais rien à

réclamer contre vous, pour l'état des logements occupés par
leur famille ou leur bétail. Elle doit encore, au bout de dix ou
de vingt ans, vous rendre, suivant vos conditions, des bâtiments d'une valeur déterminée ou se trouvant en parfait état.
Si vos fermiers ont quelque réparation à solliciter, ils n'ont
qu'à formuler leur demande à la Compagnie. Hors de là on
n'a rien à exiger. Seulement, soit à la fin du bail de vos fermiers, soit à la fin de votre traité d'assurance, selon les con-
ventions, vous toucherez une indemnité si vos bâtiments n'at-
teignent pas telle valeur spécifiée ou ne sont pas dans tel état
voulu.

Vos fermiers, à leur tour, ont le droit d'exiger de la Compagnie, comme de vous aujourd'hui, que les divers logements
soient tenus clos et couverts et en état habitable. Ils ne se
plaindront pas au reste, car on entretiendra leurs bâtiments
mieux qu'ils ne le sont aujourd'hui et que ne le seront alors
ceux des voisins. Cela n'est pas très-difficile.

La Compagnie, de son côté, devra exiger que vous et vos
fermiers ne commettiez pas de fréquents ou volontaires dégâts,
et qu'on lui paie, aux époques convenues, les primes et les
sommes stipulées. De plus elle veillera à ce que vos fermiers
ou locataires fassent les réparations locatives et autres dues ou
spécifiées dans leurs baux. S'ils ne les font pas ou qu'ils les né-
gligent, ce qui arrive souvent, la Compagnie touchera une
indemnité ou s'entendra avec eux.

S'il s'agit d'immeubles urbains, la même chose aura lieu.
Ou vous y habitez et, moyennant une prime annuelle, la Compagnie doit vous entretenir vos appartements en bon état : savoir tous les six, huit, dix ou douze ans par exemple, y renouveler les papiers, peintures, resuivre les toits et crépissages, etc. ;
tant pis pour vous si vous endommagez ou salissez quelque
chose. Quant aux dégradations pouvant nuire à la Compagnie,
elle a les tribunaux ou les arbitres pour s'en défendre, lorsque
votre probité, votre bon sens, votre intérêt même n'y suffiront
pas.

Si vos maisons se trouvent louées, la Société est substituée à vous vis-à-vis de vos locataires et elle vous doit garantir contre toute demande de réparation ou d'indemnité à ce sujet.

De plus elle vous laissera, au bout de votre assurance ou de vos baux de location, suivant ce que vous aurez stipulé, des bâtiments en bon état ou d'une valeur convenue, quitte à vous ou à elle de solder les différences, soit en plus, soit en moins. En un mot elle est un intermédiaire bien utile, indispensable peut-être, entre fermiers, locataires et propriétaires.

Par là, propriétaires, vous aurez enfin des revenus fixes et précis ; vos immeubles ne se détérioreront pas ; vous pourrez posséder sans crainte vos terres et vos maisons, ces fortunes à bases solides et à brillant avenir ; vous ne porterez plus envie au rentier dont les revenus arrivent à jour fixe et sans être entamés ; vous ne redouterez plus les chicanes de vos locataires ou fermiers, qui profitent bien souvent contre vous du mauvais état d'un bâtiment et du dommage vrai ou prétendu qu'il leur cause.

A votre tour, locataires ou fermiers, vous ne serez pas exposés à voir la pluie ou la neige détériorer vos denrées ou votre mobilier ; le vent ou la fumée remplir votre maison et ruiner la santé de vos enfants. Aujourd'hui vous ne pouvez, vous n'osez pas vous plaindre ; vous craignez peut-être, soit d'entamer un procès avec un propriétaire fort riche, soit d'armer contre vous sa puissante et dangereuse influence.

Et puis, rappelez-vous le bien, il peut vous expulser, à la fin de votre bail, tout au moins exiger ses termes à jour fixe.

Cette opération d'assurance nous paraît claire et peu sujette à difficulté. Un bâtiment en bon état et bien entretenu, on sait déjà à peu près ce que cela signifie ; c'est celui où il ne manque ni tuiles, ni crépissages, ni ferrements, ni bois ; où la neige et la pluie ne pénètrent jamais ; ou, en un mot, rien n'est détérioré. En tout cas il ne faudrait pas longtemps, soit aux experts, soit même aux tribunaux, pour l'apprendre aux parties intéressées. On s'occupe, dit-on, de rédiger ce code rural, objet de l'attente et des besoins universels. Il nous semble impossible que nos jurisconsultes ne cherchent pas à préciser d'une façon plus claire et plus compréhensible encore les devoirs respectifs du propriétaire et du locataire ou du fermier. Si l'on peut réussir, voilà, pour le moment, bien des procès évités : voilà, pour l'avenir, le chemin tracé à la Compagnie qui nous occupe.

Dès à présent supposons qu'un propriétaire ou un fermier émette des exigences exagérées, puériles ou ridicules, ne pourrait-on pas lui dire : « Vos bâtiments sont mieux entretenus que ceux des voisins, mieux surtout que jadis vous ne les entreteniez vous-même : vous locataire, propriétaire, colon, fermier êtes parfaitement clos et couvert : le vent, la pluie ou la neige ne pénètrent jamais chez vous ; on ne peut rien exiger de plus car nous devons entretenir et réparer, mais non pas améliorer et reconstruire les bâtiments assurés. » Nous sommes certains que les arbitres ou même les tribunaux se prononceraient de la sorte. Qu'une Compagnie sérieuse adopte cette idée, il ne se passera pas un bail sans que les parties contractantes s'engagent à assurer mutuellement leurs réparations respectives. Dès lors, il ne pourra plus surgir de difficultés.

Ne craignons pas de voir succomber la Société sous les coups que chercheraient à lui porter les hommes arriérés, mal intentionnés, rapaces ou déloyaux ; si parfois elle est poussée dans le labyrinthe de la chicane, bien des fils d'Ariane la guideront pour en sortir.

Les procès seront impossibles, bien rares au moins. Il est une idée servant peut-être de précurseur à la nôtre, qui commence à faire son chemin. Les travailleurs enfin comprennent leurs intérêts. Aujourd'hui les avoués, notaires, médecins, etc. ne sont plus les seuls à posséder leurs chambres syndicales. Dans presque toutes les villes se forment des syndicats d'entrepreneurs. Ces sociétés nous semblent appelées à rendre d'immenses services et répondent à un besoin universel. Cette idée même est un progrès. On s'occupe en ce moment de constituer à Moulins un syndicat d'entrepreneurs ; parmi les noms qui y figurent nous avons remarqué l'élite des maîtres-ouvriers du pays. Que ces hommes d'initiative reçoivent ici nos sincères félicitations et nos vœux pour la prospérité de leur pensée féconde, patriotique et morale. Ils poursuivent une belle mission : celle de protéger le travailleur contre de mauvaises chicanes et de défendre le propriétaire contre les dols de l'entrepreneur et de l'ouvrier ; ils ont trouvé le moyen d'assurer, d'augmenter et de moraliser le travail.

La Compagnie qui nous occupe trouvera, nous l'espérons, dans les chambres syndicales des entrepreneurs un accueil bienveillant et des auxiliaires très-utiles. En effet, chacun de ces syndicats est administré par des hommes spéciaux, intelligents et animés des meilleures intentions. Ne pourraient-ils pas s'entendre pour émettre certaines formules indiquant d'une manière claire, positive et précise ce qu'on entend par une maison bien entretenue, un bâtiment en bon état ?

Par là on définirait, bien mieux que par le Code, les obligations, droits et devoirs respectifs de la Compagnie et des clients. On adopterait assurément, de part et d'autre, les idées émises. De plus, les diverses parties contractantes s'engageraient à prendre, sans aucun appel et en dernier ressort, le syndicat de la ville voisine pour expert, juge et arbitre souverain de tous leurs différents. Dès lors il n'y a plus de procès possibles entre la Compagnie, l'assuré, le client, le fournisseur et l'ouvrier. Le syndicat déléguerait un, deux ou plusieurs de ses membres qui, après avoir examiné les questions, rendraient eux-mêmes un jugement souverain ou bien adresseraient un rapport à leurs collègues réunis pour statuer irrévocablement sur ces sortes de litiges. Ces difficultés, sans cesse renaissantes aujourd'hui, seraient ainsi pleinement résolues plus vite et à meilleur compte que par les tribunaux et tout aussi bien sans doute ; car le plus inhabile entrepreneur doit connaître la construction

et tout ce qui s'y rapporte, mieux que le plus profond juris-
consulte ou le plus éminent avocat-général.

Par là les chambres syndicales des entrepreneurs procure-
raient de nombreux profits à leurs membres et se créeraient
de grandes ressources pour poursuivre, achever peut-être leur
intelligente et utile mission.

Dès aujourd'hui nous recommandons vivement à la bien-
veillance et à la sollicitude des diverses chambres syndicales
des entrepreneurs ou à celles des prud'hommes l'examen at-
tentif de notre idée, sœur de la leur. Qu'elles veuillent bien
l'approfondir ; le temps qu'on y mettra sera bien employé. Ces
hommes intelligents et pratiques sont plus que personne à
même de résoudre, tout au moins d'éclairer la question. En
tout cas, en l'étudiant, ils en tireront assurément quelque idée
nouvelle, bonne et progressive. Ils rendront ainsi un éminent
service à leurs concitoyens travailleurs, patrons, fermiers,
locataires ou propriétaires. Tel est du reste le but de leur phi-
lanthropique institution.

Donc la Compagnie, loin d'enfanter des procès, les supprime
presque tous. De plus elle assainit et améliore les logements et
habitations. Il n'y a qu'aux avocats, avoués, huissiers ou médecins à qui elle porte préjudice.

Maintenant, qu'il nous soit permis de formuler un vœu : la
Compagnie devra fonder des prix d'encouragement pour exciter le laboureur ou le locataire à la propreté et à la bonne tenue de sa maison. On pourra par exemple accorder à ceux qui
se distingueront, soit des crèches, soit des placards modèles,
soit une somme d'argent, soit enfin ce qu'on jugera être utile
ou moralisant. On y ajouterait un diplôme ou des médailles,
lesquels aideraient le lauréat à se placer facilement et
avantageusement plus tard.

Par là vous intéresserez directement le colon et le locataire à
ce que la Compagnie n'éprouve aucune perte par leur faute.
On pourra bien souvent y intéresser le propriétaire lui-même ;
voici de quelle façon : qu'on lui offre une prime, un bénéfice.

un avantage quelconque s'il effectue tel drainage ou tel fossoyage par exemple, lequel, tout en assainissant une étable ou une maison, augmentera la valeur et le produit d'un pré, d'une terre, etc.

Le jour où la Compagnie adoptera cette intelligente mesure, elle aura fait une bonne affaire ; nous dirons plus, elle aura bien mérité de l'humanité. Là encore elle suivra l'exemple de cette sage *Mutuelle* de l'Allier. Celle-ci en effet a le bon sens et l'intelligence de subventionner les communes de notre département, lorsqu'on y achète des pompes à incendie. Cette subvention c'est de l'argent placé à cent cinquante pour cent.

Et puis, les procès ou même les persécutions, que peuvent-elles contre une idée, quand elle est juste et vraie ? Est-ce que toute innovation utile et raisonnable n'a pas toujours triomphé ? Que peuvent contre **M. de Lesseps** le dédain de Stephenson et les infâmes roueries de John Bull ; contre les chemins de fer l'ignorance et les préjugés ? Quoi qu'on dise, quoi qu'on fasse, un jour ou l'autre les tribunaux deviendront arbitrages, les douanes et les casernes, hôpitaux ou magasins, les soldats laboureurs, les isthmes canaux, les huttes étables, etc.

Encore une étape dans le progrès, le laboureur qui commence à soigner sa personne soignera aussi sa maison ; une maison tenue proprement se détériore moins vite. Voilà encore un autre bénéfice pour la Compagnie ; le laboureur s'éclaire de jour en jour davantage ; bientôt il cessera d'être processif ou tracassier ; déjà il ne laisse plus devant les écuries de ces infectes mares si funestes, si malsaines pour le bétail et les bâtiments. Aujourd'hui le cultivateur nettoie les étables des animaux ; il sait que l'hygiène recommande la propreté pour le bétail comme pour l'homme. Les domaines n'offrent plus de ces affreuses et boueuses cours. Cela suffisait seul pour miner, salpêtrer et détruire même à la longue toutes les fondations. Aujourd'hui ces boues servent à faire des compôts à principes si fertilisants.

Supposons qu'il existe encore quelques-uns de ces retardataires que le progrès trouve toujours récalcitrants ou inertes, d'abord ils n'assureront pas l'entretien de leurs bâtiments; mais en tout cas la loi des 12 et 22 avril 1850, sur les logements insalubres, pourrait bien nous délivrer de beaucoup de leurs réclamations surannées et de leurs niaises et mesquines tracasseries.

Disons-le franchement, cette Compagnie nous semble réunir les plus magnifiques éléments de succès.

Nous reconnaissons avec tout le monde que plus une affaire est étendue, plus, règle générale, elle produit de bénéfices. Dans le commerce, il ne faut pas viser à gagner beaucoup à la fois, mais souvent; le talent ou la chance, ces mots sont quelquefois synonymes, consiste, non pas à vendre cher, mais à vendre énormément.

L'intérêt des actionnaires voudrait donc, ce nous semble, que la Compagnie généralisât ses opérations et les étendit à la France entière. Mais notre position modeste nous défend d'espérer que notre idée fasse un aussi long et aussi brillant chemin.

Enfin supposons la compagnie fonctionnant et ayant à son début restreint ses opérations aux départements de l'Allier, du Cher et de la Nièvre, où il nous semble qu'elle est appelée à rencontrer le plus de sympathie et à gagner le plus d'argent. Elle fera peut-être bien du reste d'être peu étendue et surtout très prudente au commencement de son existence, à moins qu'elle n'aie la bonne fortune d'obtenir le patronage d'un de ces hommes hors ligne qui, du premier coup, comprennent, organisent une affaire et en assurent le succès.

Quoi qu'il arrive, le conseil de surveillance ou d'administration, il est permis de l'espérer, comptera des hommes capables et spéciaux qui empêcheront la compagnie de sombrer.

Et d'abord supposons-la restreinte dans les limites fixées plus haut. Voilà, selon nous, le personnel obligé :

Il se compose : 1° d'un directeur-gérant ; 2° d'un, deux ou trois commis selon la besogne ; un des commis même peut n'être que temporaire ; 3° d'un architecte inspecteur-général des bâtimens ; cet architecte devra être très actif et apte au travail de cabinet comme à celui du dehors ; il faut qu'il soit travailleur , et intelligent : 4° d'un sous-inspecteur des bâtimens , par chaque arrondissement. Il y aura , si cela est nécessaire , un plus grand nombre d'employés de bureau, c'est évident ; nous ne donnons ici que l'organisation sommaire.

Supposons à la compagnie le bonheur de pouvoir atteindre, sûrement et de prime abord, des proportions moins humbles, plus grandes , colossales même ; placez à Paris un directeur général , organisez ses bureaux et son personnel en conséquence, et tout est dit. Le personnel départemental pourra subsister à peu près comme nous l'avons indiqué. Seulement , au lieu d'être chef , il recevra les ordres et subira l'influence du directeur-général. Alors le conseil de surveillance ou d'administration sera à Paris évidemment , voilà tout. Plus la compagnie aura d'importance et d'étendue, plus le personnel occupé par elle sera nombreux ; mais ce sera toujours d'après les mêmes bases et dans les mêmes proportions.

Une question qui a bien sa valeur : la Compagnie doit-elle, du premier coup , tenter de se généraliser , avoir son siège à Paris; en un mot être , à supposer que cela lui soit possible , très-haute et très puissante dame ?

Mais qui trop embrasse mal étreint ; il est à peu près sûr du reste qu'elle n'y parviendrait pas. Elle s'attirerait probablement le ridicule que donne toujours une ambition démesurée et déçue. Ce ridicule est le plus dangereux de tous ; c'est une arme dont la moindre blessure est mortelle.

Doit-elle au contraire se restreindre, quitte à grandir ensuite?

Mais une fois que l'étoffe a pris son pli il est difficile de l'étendre. Et puis tel individu a un de ses parents ou bien est lui-même membre du conseil de surveillance à Moulins. Par là il se croit un personnage ; c'est même pour cela qu'il a pris trois ou quatre actions. Si votre conseil est établi à Paris il va les

vendre et . sitôt qu'il l'aura fait , vous décrier partout. Il y a
dans chaque département beaucoup de ces hommes aussi riches qu'insensés ; vous les blesserez en agissant ainsi, et comme quelquefois . souvent même . ils ont de l'influence , ils
vous nuiront et vous empêcheront de réussir dans leur département ; que devenez-vous alors si vous échouez à Paris ?

Voilà , de chaque coté . de nombreux inconvénients. Cepen
dant , régle générale, c'est surtout en opérant sur une grande
échelle qu'on gagne le plus d'argent.

Auquel des deux partis s'arrêter ? C'est une question grave ,
difficile à résoudre.

Toutefois, s'il nous est permis d'exprimer notre pensée, nous
dirons que , à nos yeux , une affaire a mille fois plus de chances de réussir lorsqu'elle est montée et organisée à Paris que
partout ailleurs. Quoi qu'on dise, Paris est le foyer intellectuel
du monde et la tête des nations. Rarement une affaire parvient
à prospérer si elle n'a pas ses racines dans cette terre promise
de la civilisation et du progrès : Heureuse notre compagnie si
elle peut y parvenir !

A notre avis . il faut réfléchir murement . sérieusement ;
prendre les avis d'hommes capables : surtout s'attirer la pro-
tection ou le concours d'un homme dont les lumières , en fait
d'industrie ou d'affaires , sont proverbiales. Alors. mais alors
seulement , il faudra généraliser , universaliser même l'affaire
une fois reconnue possible , lucrative et avantageuse, bien
entendu.

Revenons à la question. Ce personnel indiqué plus haut nous
semble d'abord suffire . quitte à l'augmenter plus tard. Du
reste nous sommes loin d'être infaillible et il se trouvera, nous
l'espérons, des hommes compétents pour vouloir bien corriger
les erreurs qui peuvent nous échapper.

Et d'abord rien n'empêche que cette compagnie, comme les
autres . n'aie dans chaque canton un représentant perce-
vant une prime pour chaque assurance qu'il procurera et
même quelques frais de déplacement ou autres. Ce représen-

tant , n'ayant ni son indépendance ni son temps absorbés par la compagnie , coûtera fort peu et épargnera aux agents bien de la besogne et quelques voyages assurément.

Il y a , dans chaque arrondissement, environ huit ou neuf cantons et dans chaque canton neuf ou dix communes à peu près. Un seul homme peut-il suffire ?

Cet homme , ce sous-inspecteur , on se le rappelle , c'est son titre, n'aura pas, il s'en faut, autant de déplacements que vous le croyez. Rien d'ailleurs n'empêche de lui donner des aides, si besoin est. Ayons beaucoup d'assurés seulement et nous gagnerons encore assez. Le plus souvent il n'aura qu'un ou deux voyages à faire par année dans la plupart des communes. Il visite les domaines ou les maisons et voit les réparations à ordonner. Si c'est utile il passe un traité pour cela avec le maçon , le menuisier ou le charpentier : puis quelque temps , quelques mois après , il vient recevoir les travaux.

Les ouvriers, à supposer même qu'ils ne soient pas honnêtes gens , savent que l'inspecteur qui a commandé les travaux est incorruptible , juste et intelligent ; que leurs incartades ou leurs dols peuvent lui être révélés par l'agent du canton ou de l'arrondissement qui , de près ou de loin , a l'œil sur eux ; ils n'iront pas s'exposer à perdre une clientèle infiniment plus lucrative que celle de n'importe quel particulier et pourquoi ? Pour quelques gains illicites et légers.

Nous le répétons , le sous-inspecteur n'aura pas toujours besoin de se déranger pour des vétilles. Si les réparations sont de peu d'importance , de quarante , cinquante francs , de cent même par exemple , ne peut-il pas avoir recours à l'obligeance d'un des agents cantonaux , si elles se font tout près de chez lui, ou à la probité de l'ouvrier qui ne se risquera pas à perdre une riche clientèle pour gagner une aussi minime somme.

Et puis quand le sous-inspecteur aura la preuve positive et certaine qu'un ouvrier est honnête , et il en est beaucoup même , hâtons-nous de le dire (car dans cette classe , comme dans toutes , il est du bon et du mauvais , ni plus ni moins qu'ailleurs) ne pourra-t-il pas se dispenser à son égard d'une si attentive surveillance ?

Notons en passant un immense avantage qu'a la compagnie : c'est que pour elle il n'est ni bois, ni matériaux perdus ; ce qui ne s'emploie pas ici trouve sa place ailleurs : ce qu'on a de reste à un endroit se transporte plus loin.

Qu'on ne craigne pas que la compagnie se ruine pour la conduite des matériaux. Cela, au contraire, ne lui coûtera rien, presque tous les baux obligeant le fermier ou le colon à tous les charrois pour les réparations ou constructions. Rien n'empêche que la société assure seulement les bâtiments de campagne pour lesquels le propriétaire exécutera ou fera exécuter les charrois. Dans ce cas les fermiers seront bien moins récalcitrants, dolents et chicaniers qu'au temps où ils recevaient les ordres du propriétaire.

Pour les réparations dans une ville, la compagnie se chargera de la conduite des matériaux ; mais elle exigera une prime d'assurance plus forte que si on les lui fournissait.

Voilà pour les transports rapprochés; quant à ceux plus lointains, ils ne peuvent pas non plus être ruineux. Déjà la France, nous pourrions dire l'Europe, est traversée par d'importantes voies ferrées ; quelques années encore, et tous les pays du monde en seront sillonnés dans tous les sens, c'est certain. Cancrin lui-même, cet ancien ministre de Nicolas, en eût fait établir dans tous les pays Moscovites s'il eut survécu à cette guerre de Crimée, pendant laquelle le Czar et tous les Russes ont si souvent déploré la lenteur et les difficultés des transports.

Donc les chemins de fer se propagent, c'est évident, les compagnies qui les exploitent sont intelligentes et habiles. Elles le prouvent en faisant, en maintes circonstances, des concessions importantes, et, somme toute, très-lucratives pour elles, comme des trains de plaisir, des parcours à prix réduit, etc. Elles y gagnent assez, croyons-nous, pour n'être pas de longtemps tentées d'abandonner ce système.

La Conservatrice immobilière (nom de la compagnie dont nous nous entretenons) répond à un besoin, que disons-nous, à un appel unanime ; nous oserions prédire qu'avant même qu'elle s'organise , les compagnies des chemins de fer et celle des canaux qui ne leur cèdent en rien pour l'intelligence , l'amour du progrès et l'habilité, lutteront entre elles à qui fera le plus d'avances et offrira le plus d'avantages à cette nouvelle venue pour s'attirer une clientèle si importante et si riche d'avenir.

Allons plus loin . qui sait si la société ne sera pas un jour en position , en droit même . d'obtenir , sur certaines lignes ferrées , le parcours graduit , dans quelques cas au moins ? En effet à chacun son métier , suivant un sage dicton populaire; les compagnies qui les exploitent possèdent de nombreuses et remarquables qualités ; mais elles ne sauront jamais construire et administrer des bâtiments comme celle dont ce sera le but et la spécialité. Des hommes de la valeur de messieurs Didion , Bartholoni , et Talabot, etc. le comprendront du premier coup. Ils se déchargeront donc du poids énorme de l'entretien de leurs bâtiments ; ce qui nécessite pour eux beaucoup de surveillance et de tracas, et ils en ont bien assez déjà. La compagnie est là, si ses opérations se généralisent, pour leur rendre cet important service. Mais elle peut exiger en retour de grands avantages, notamment le parcours gratuit pour les employés, tout au moins pour les matériaux nécessaires aux réparations et constructions des immeubles des lignes avec lesquelles elle traitera.

Il est une chose importante , essentielle entre toutes à nos yeux ; c'est le choix du directeur général de la société, surtout si elle ne fonctionne pas ailleurs que dans trois ou quatre départements. Il faut un homme sérieux, bien posé, bien connu, pas utopiste , ayant réussi dans ses entreprises, notoirement réputé pour administrer honorablement , économiquement, sagement sa fortune ; il faut qu'il soit très probe, très honnête homme, etc.; on doit exiger encore qu'il prenne beaucoup d'ac-

tions et qu'il donne un assez fort cautionnement. Il ne faut pas
non plus qu'il absorbe l'affaire, mais seulement qu'il participe
à ses bénéfices. Tant vaut l'homme, tant vaut la spéculation.
L'argent appelle l'argent , comme la neige ramasse la neige.
Ce qui , à leur naissance , tue les trois quarts des affaires, ce
sont les noms inconnus , baroques parfois , qui figurent à
leur tête.

Celui qui écrit ces lignes a entendu plus d'une personne à
nom historique lui dire en pleurant : « Je suis obligé d'aliéner
le château de mes pères , origine du nom de mes enfants ; les
réparations y sont ruineuses pour moi ; mes occupations, mon
inhabileté m'empêchent de les surveiller. Je me suis imposé de
dures privations , de cruelles économies ; tout cela en vain. Je
n'irai plus me prosterner sur les pierres tombales , dans la
vieille chapelle où reposent mes ancêtres; je ne verrai plus ces
immenses appartements délabrés ou tout rappelle le bonheur
de mon enfance , la gloire de mon antique famille : » Ces paroles les sanglots les étouffaient.

Il a hélas ! entendu des hommes d'une position aussi honorable , quoique moins élevée . lui dire : « Obligé d'être dans
mon bureau ou dans ma ferme , je vends la maisonnette où
mon père, mon fils et moi sommes nés ; elle a besoin de réparations, et comme je ne puis les surveiller, je ne les ferai pas. Me
voila dans l'obligation de la vendre. Pour la dernière fois , je
viens de baiser la place ou priait ma pauvre mère , ou m'a
béni mon aïeul... » Et ces hommes que l'habitude des affaires rendait d'ordinaire calmes et réfléchis suffoquaient d'une
douleur impossible à contenir.

Que répondre à ces victimes d'un supplice qui manquait à
l'enfer du Dante, que leur dire , si ce n'est : « Lasciate ogni
speranza. » La bande noire guette le castel pour en vendre les
pierres , l'antique terre seigneuriale pour la dépecer ; le finan-
cier enrichi devenu grand propriétaire , attend la maisonnette
et les terrains qui en dépendent : il rasera l'une . car elle gêne

la vue du château , et il enclavera les autres dans son jardin anglais.

Riez , esprits forts ou plutôt bornés, riez de nos préjugés ; pour nous , ces paroles vibrent encore à nos oreilles et elles pèsent sur notre esprit de tout le poids d'un mauvais rêve. Bien heureux mille fois si nous épargnons à un seul ces brûlantes larmes , ces poignantes douleurs !

Que de familles obligées par la difficulté , l'impossibilité même des réparations , d'aliéner en pleurant le manoir des aïeux ou le toit paternel !

Et la veuve, mère de famille, et le tuteur , croyez-vous qu'ils ne seront pas bien aises de se débarrasser des réparations , le fardeau le plus lourd , le plus terrible (mille fois plus que les impôts ; chose prévue et fixe) qui pèse sur la propriété ?

Le locataire et le fermier eux-mêmes peuvent attendre de la compagnie les plus grands secours, comme elle de son côté est en droit d'exiger d'eux de très importants bénéfices. En effet bien souvent le locataire et le fermier sont dérangés ou tracassés par les réparations locatives et autres stipulées par les baux ou par le code. Ne pourra-t-on pas un jour leur dire : « Pour une augmentation de tant par an sur votre ferme ou votre loyer , nous vous débarrasserons de toute espèce de tracas . nous ferons toute réparation locative ou autre exigée par le code ou votre bail, et vous n'aurez plus que vos terres ou vos affaires à surveiller, et vos termes à payer. » Beaucoup seront enchantés de voir supprimer cette cause d'ennuis , de dérangement ou de procès et achèteront n'importe à quel prix cet immense avantage.

Nous pouvons l'affirmer ; on s'assurera, fût-ce même à très cher denier. Donc l'on aura beaucoup d'assurés , donc , pour peu que l'on gagne sur chacun d'eux, on arrivera à un fort beau résultat. Toute compagnie faisant de nombreuses affaires , touchant beaucoup d'argent , n'a pas règle générale. que des promesses à distribuer à ses actionnaires.

En conséquence, on trouvera des assureurs , des actionnaires si l'on aime mieux.

Leur argent sera aussi lucrativement et bien plus sûrement placé que celui de beaucoup d'actionnaires de mines, de houillères , de chemins de fer plus ou moins problématiques. Aujourd'hui on trouve des capitaux pour tout entreprendre en Chine , au Japon, aux Cordillières , à Négapatam, à Thehuantepec, etc. et l'on ne trouverait pas d'argent pour une affaire à exploiter dans le pays ; si peu que l'idée sur laquelle elle repose aie le sens commun ?

Une chose très bonne qu'il faut exiger à tout prix, dans l'intérêt de tout le monde , des actionnaires comme des assurés. c'est , tous les cinq ou six ans , une visite obligatoire et forcée de l'architecte inspecteur de la compagnie dans chaque bâtiment. C'est là, pour lui, le seul moyen de se rendre un compte exact des améliorations voulues et possibles.

Après tout , supposons le capital souscrit. On a trouvé des actionnaires , mais on ne trouve pas d'assurés ; le malheur est grand , mais non pas immense. Une partie du capital reste improductif , pendant cinq ans. Après cette période, si l'on n'a pas assez d'immeubles assurés , la société entre en liquidation. Elle perd alors : 1° cinq ans d'intérêt; 2° les frais d'organisation et de liquidation ; 3° ceux de quelques appointements payés.

Cette perte répartie entre tous les actionnaires ne monterait pas bien haut. En tout cas , comme dans toute spéculation , le capital ne doit jamais être tout englouti. Il peut , il est vrai , subir une légère diminution ; en revanche il peut , il doit augmenter énormément ; pour cela il ne s'agit que d'obtenir une nombreuse clientèle. Il nous semble avoir suffisamment prouvé que tout donne lieu de s'y attendre.

Quant à l'assuré , il ne risque jamais beaucoup non plus , si la compagnie se trouve paralysée , anéantie même. Elle aura probablement fait exécuter chez lui quelques réparations, légères et peu coûteuses , il est vrai , mais bien utiles et faites à propos. Enfin , en pareille occurrence , nous le disons dans les statuts, on abandonnerait à l'assuré, en forme de dédit, une part dans l'actif de la société. Ces réparations et ce dédit représenteraient probablement les quelques annuités ou sommes payées. Pour la première fois peut-être voilà une combinaison où actionnaire, client, assureur et assuré ont tout à gagner, presque rien à risquer.

Il est une bonne spéculation que pourrait faire la compagnie : un fermier a chaulé, marné, amendé un domaine, il y a obtenu force trèfles, sainfoins et luzernes, créé de magnifiques prairies, etc. Tout ceci est bien, mais il faut augmenter les cheptels, partant les constructions ; impossible ! Le possesseur est à court d'argent ou de bonne volonté ; ce contre-temps paralysera toutes les spéculations du fermier ; car pour bâtir chez les autres, même très économiquement, il n'est pas assez fou, si le bail est court, assez intelligent si le bail est long.

Il s'adresse à la compagnie et lui demande, moyennant un intérêt de six, huit ou dix pour cent (peu importe, ces chiffres ne sont pas définitifs, qu'on ne s'en effraie point), selon les circonstances, de lui construire une grange, une écurie, un hangar ; elle le peut ou le pourra souvent parce que :

1° A la fin du bail, il est possible, probable même, que le maitre retienne, à dire d'expert bien entendu, la grange, le hangar, l'écurie, etc, qui en définitive sont nécessaires à sa propriété ;

2° Parce que le fermier, renouvelant son bail, ou bien encore son remplaçant, les rachètera pour lui-même ou continuera à en payer l'intérêt fixé ;

3° Si enfin personne ne les rachète ou n'en veut plus payer l'intérêt ; la compagnie peut les enlever et les porter chez un voisin qui les réclame. Elle a encore une ressource ; c'est de les démolir et d'en employer les matériaux à des réparations ou constructions, n'importe chez qui. Dans ce cas même elle n'aura pas perdu son temps, car elle a eu soin d'exiger du demandeur des avantages assez importants pour n'être pas sa dupe.

Par la construction de ces bâtiments , qui n'eût pas eu lieu sans l'existence de la société , tout le monde a bénéficié :

1° Le fermier qui élève ou engraisse plus de bétail et obtient plus d'engrais, par là même de produit en blé, en viande, etc. en fin de compte en argent, et qui, somme toute. gagne davantage sur sa ferme ;

2° La compagnie qui a fait une bonne affaire , grâce au taux qu'a payé ou paie encore ce fermier ;

3° Le propriétaire dont les terrains s'améliorent par les engrais que produit l'augmentation du cheptel ;

4° Les ouvriers qui ont gagné des salaires ;

5° Le pays , la société en général. Ils bénéficient doublement , et par la plus value des terres. et par l'augmentation de la production , du cheptel, etc.

Voilà un autre avantage . et bien grand , que possède la compagnie : « Achetez en gros si vous voulez payer moins cher » ; c'est connu de tout le monde. Eh bien ! il faut à la compagnie beaucoup de bois, de chaux. de briques, etc; elle peut donc obtenir du producteur de fortes remises que vous n'obtiendrez pas . vous particulier , ayant besoin d'une poutre . de quelques mètres de planche, etc.

Ne vous est-il jamais arrivé de dire : « Voilà de la pierre , du bois vendus pour rien ; quel dommage que je n'en aie pas besoin ! que je sois trop gêné pour les acheter ! La compagnie aura toujours pour cela des capitaux et de l'emploi. Donc elle a ce qu'il faut pour profiter des marchés avantageux qui peuvent se présenter. Qui sait même. à supposer qu'elle réussisse parfaitement , si par la suite elle ne pourra pas acheter la superficie de quelques futaies ? alors le bois lui coûtera moins cher. Avoir quelques tuileries , quelques fours à chaux ou à plâtre ? alors ces matériaux lui reviendront à bon compte.

Enfin la compagnie peut , à dater du jour où elle fonctionne , acheter des matériaux , du bois surtout , quand elle en trouvera l'occasion. Ce bois séchera et elle ne sera pas obligée de l'employer tout vert encore . comme on le fait souvent , mais pas impunément , quand viendra l'heure d'effectuer les réparations.

Peut-il adopter ces mêmes principes, le propriétaire de deux ou trois domaines ? Non , souvent il n'y connait rien d'abord , et de plus tout cela serait gâté , détérioré ou pourri avant qu'il en eut trouvé l'emploi.

Il nous semble avoir démontré qu'une compagnie pour l'entretien total des bâtiments est parfaitement possible.

En admettant même , ce qui peut être difficile à prouver , que nous nous trompions ici, tout le monde admettra certainement qu'une compagnie pour l'entretien partiel des immeubles est possible ,facile, rationnelle, applicable surtout assurément.

Une société, il est vrai, pour l'entretien des toitures et les réparations à y faire a voulu s'établir à Paris et n'a pas réussi. Ce fait ne nous semble pas précisément de nature à nous décourager , à nous effrayer même. Cette compagnie comment était elle organisée ? Quelles causes l'ont ruinée ? Toutes nos recherches à ce sujet n'ont pu nous procurer aucun renseignement. Nous en avons entendu parler , voilà tout. Son insuccès ne nous trouble pas. Seulement on pourrait profiter des erreurs où elle est tombée, des fautes qu'elle a commises pour les éviter.

Souvent, au reste, la réussite d'une affaire tient à tant de causes diverses ! La caisse d'escompte de Moulins a réussi ; celle de Clermont a échoué; la Mutuelle de la Nièvre n'a pas donné, à beaucoup près , les mêmes résultats que celle de Moulins : cependant nos voisins sont bien au moins aussi actifs , intelligents et calculateurs que nous.

Ce sont des détails que les hommes spéciaux peuvent seuls appliquer avec fruit.

Il est une question capitale, question de vie ou de mort pour la compagnie qui nous occupe. Il faut qu'elle ne lésine en rien; qu'en tout et pour tout , elle soit conciliante , grande , généreuse même ; que , dans les limites du possible et du raisonnable , elle exécute spontanément , ou du moins ne refuse jamais une réparation ou amélioration quelconque ; qu'elle se fasse chérir et désirer de tous : locataires, colons, fermiers, propriétaires. C'est le seul moyen pour elle de se généraliser et de se populariser.

Mais qu'elle exige des prix élevés et fortement rémunérateurs. Elle, plus qu'aucune compagnie , qu'aucun individu , pourra demander beaucoup au client. En effet elle lui procure :

1° La paix et la tranquillité :

2° Des revenus invariables et certains ;

3° Un avenir brillant et solide pour sa fortune et sa famille.

Quel homme de bon sens trouvera qu'on peut jamais payer trop cher ces trois immenses avantages ?

N'y aurait-il pas encore un moyen de constituer cette assurance pour l'entretien des bâtiments. Que cent, mille, deux mille un nombre quelconque (plutôt grand que petit, parce qu'alors il y aurait plus d'intéressés au succès de l'affaire) d'entrepreneurs s'associent et constituent cette compagnie. Ils y gagneraient plus d'argent qu'à se faire une pénible concurrence. Ils réuniront de prime abord de magnifiques éléments de succès, ayant pour eux les connaissances , l'expérience . la pratique, l'habitude de commander , d'exécuter même les travaux. Quant au capital nécessaire , il viendrait probablement à leur appel. D'ailleurs ils n'en auraient pas besoin. Il y a parmi eux bien des gens riches, riches à millions même. Ces habiles artisans de fortunes, grandes souvent, colossales parfois, apporteraient à leurs confrères leurs capitaux et leur expérience. Ils se trouveraient ainsi engagés dans une entreprise d'un immense avenir , d'un contrôle facile pour eux et qu'ils connaîtraient mieux que toute autre. Toutes les fois que l'idée émise est juste et rationnelle, ne vous inquiétez pas où l'on prendra l'argent pour la mettre à exécution. Au XIXe siècle , les capitaux répondent à l'appel de l'intelligence , comme la matière obéit à l'ouvrier. Qu'il nous soit donc permis de soumettre cette idée à messieurs les entrepreneurs : que quelques-uns de ces

hommes , si communs parmi eux , à intelligence pratique , à
fortunes colossales et honorablement acquises , veuillent bien
examiner notre projet , soit en particulier , soit dans une de
leurs réunions syndicales , comme nous l'avons dit plus haut.
Du premier coup ils verront ce qu'il est ; bon , ils en assureront le succès ; mauvais , ils éviteront à d'autres d'y échouer.
Mais si cette association d'entrepreneurs s'organise , qu'elle
proscrive absolument toute menée et toute pensée politique ;
on a le droit , le devoir peut-être , d'avoir une opinion , de la
professer , de l'exprimer : mais il ne faut militer pour elle
que dans une réunion ou un écrit politique. Ailleurs on blesse
inutilement les susceptibilités et on amène la dissolution
d'une compagnie. Qu'elle proscrive également toute rivalité qui
se produirait entre ses membres ou dans son administration.
Voilà les deux seuls , mais grands et sérieux périls , qui me-
nacent une entreprise organisée d'après ces bases.

Un motif augmente la foi que nous pouvons avoir dans la
réalisation de notre idée ; beaucoup d'hommes compétents
affirment que , tôt ou tard , l'Etat sera substitué aux compagnies d'assurance contre l'incendie , la grêle , l'inondation.
Ils disent : « Ces sociétés sont, il est vrai, pour la plupart, très-
honorablement , honnêtement et habilement dirigées. Néanmoins elles seront abandonnées de presque toûs leurs clients
le jour où ils pourront traiter avec l'Etat qui leur offrira
des garanties plus sérieuses et plus sûres encore. Il opère-
rait sur des surfaces plus grandes qu'aucune d'elles ne le peut.
Jamais en aucun temps , la France entière n'a été grêlée ou
inondée ; à preuve , en l'année MVCCCLXI , de funeste mé-
moire pour les cultivateurs de l'Allier, la récolte départemen.
tale estimée à peu près à quarante cinq millions a été diminuée
de trois millions huit cent mille francs. Cependant , à
aucune époque , la grêle n'a commis d'aussi épouvantables
et d'aussi importants ravages dans notre Bourbonnais. En
cette même année , douze autres départements ont été rava-
gés. Eh bien , tout compte fait , en MVCCCLXI , le gouverne-

ment eût encore réalisé des bénéfices sur une assurance générale. Oui , si l'Etat s'occupait de ces sortes de spéculations. il
serait impossible qu'il y pût perdre. En effet , aux époques
où il tomberait beaucoup de grêle, il y aurait probablement peu
d'inondations , d'incendies et de gelées. Ainsi. en MVCCCLXI,
l'Allier fut frappé d'une perte de trois millions huit cent
cinquante deux mille trois cent quarante cinq francs, occasion-
née par la grêle , tandis que la gelée n'y fut que pour cinq
cent quarante un mille trois cent soixante-quinze francs de
dégâts , l'incendie pour quatre-vingt-treize-mille francs, et l'i-
nondation ne causa aucun dommage. Cependant notre département possède sept cent trente mille cent vingt-six hectares
de superficie excellents pour la plupart, et , on le sait. les statistiques ne dissimulent pas , il s'en faut. le mal souffert par
la propriété. Dans les années les plus désastreuses . une faible
partie du territoire de nos quatre-vingt-neuf départements .
un trentième environ , a éprouvé ces catastrophes. En dédui-
sant . du montant des indemnités qu'il aurait à payer les secours et les diminutions d'impôt qu'il accorde en pareil cas ,
le gouvernement , même aux époques les plus mauvaises .
réaliserait des bénéfices ; à bien plus forte raison , dans les
années ordinaires. » Bien entendu nous citons ici l'opinion de
certains économistes , et la nôtre est complétement hors de
cause.

Quelle qu'elle soit , supposons que cette opinion vienne à
triompher . ce jour-là , pour être conséquent . l'Etat devra ,
moyennant une prime ou un bénéfice quelconque , se charger encore de l'entretien des bâtiments. Il n'adoptera pas de
prime abord cette mesure , mais son intérêt l'y contraindra .
à la vue des brillants bénéfices réalisés sur les assurances par
lui faites. Il prendra donc aussi la construction et l'entretien des
bâtiments, ce qui, en définitive, n'est qu'une sorte d'assurances.
n'en déplaise à tous les codes. Si jamais ce système vient à pré-
valoir, c'est surtout sur l'idée que nous émettons que le gouvernement réalisera, croyons nous, ses plus importants bénéfices.

« Les diverses assurances par l'Etat , ajoutent les hommes
dont nous avons cité l'opinion quelques lignes plus haut, sont
pour lui un moyen certain et infaillible d'arriver à une augmentation de revenus. Elles sont peut-être destinées à équi-
librer le budget , préserver le pays de la banqueroute , proscrire à jamais les logements insalubres , éviter enfin de nouveaux impôts à la propriété, assez écrasée déjà. »

L'Etat est moins bon administrateur , à coup sûr , qu'une
grande compagnie , mais mille fois meilleur , mille fois plus
sage bien souvent que le particulier imbu de préjugés , aveuglé par l'ignorance , attaché à sa routine , sommeillant dans
l'inertie. Soyons sincère : le jour où le gouvernement se chargera , moyennant une prime et à certaines conditions , de la
construction et de l'entretien des bâtiments , beaucoup seront
bien heureux d'avoir recours à lui. Leur économie et leur
bon sens trouveront cela très-commode et très-avantageux.
Bien entendu l'Etat n'exercerait aucune pression, aucune tyra-
nie ; il se ferait assureur , entrepreneur , marchand , si vous
voulez ; mais il laisserait à chacun son entière liberté. Il
sera trouvé mesquin , peu digne par certains économistes ,
mais aussi sera-t-il peut-être fort applaudi par le contribua-
ble dont il pressurerait moins la bourse; par le prolétaire dont
la chaumière deviendrait saine et proprette.

Il existe donc quatre moyens de mettre notre idée en pratique :

1º Une compagnie montée par actions ;
2º Une compagnie mutuelle ;
3º Une association d'entrepreneurs ;
4º L'initiative gouvernementale.

On va nous demander auquel des quatre nous donnerions
la préférence ? Chacun nous parait très-possible et très-réalisa-
ble dans un avenir plus ou moins rapproché. Mais pour le
moment , dans l'état actuel des mœurs et des idées , ce qu'il
y a de préférable, à notre avis du moins , c'est une compagnie

montée par actions.Voilà le mode d'opérer le plus rationnel et offrant le plus d'éléments de succès.

A défaut de celle-ci, une société mutuelle pourrait très-bien s'établir et parfaitement fonctionner ; mais elle serait obligée . croyons-nous , de restreindre ses opérations dans les limites d'un rayonnement peu étendu.

Une société d'entrepreneurs opérerait parfaitement et à coup sûr si elle pouvait se garer de ces rivalités puériles, de ces mesquines jalousies , de l'influence des intérêts privés et des haines féroces qu'ils engendrent parfois.

Enfin l'initiative gouvernementale pourrait peut-être avoir. surtout dans l'avenir , de sérieuses et même d'immanquables chances de réussite ; mais les partisans de la décentralisation entreront en fureur à cette seule pensée. Et puis elle fournit ample matière à la controverse en fait et en droit.

Quant aux statuts que nous donnons plus loin , ils peuvent être modifiés et corrigés, suivant qu'on les adaptera à l'une où à l'autre manière d'opérer. Nous abuserions de la patience du lecteur en exposant dans cet opuscule des statuts particuliers pour chacun des quatre modes d'opération. Les nôtres. en définitive nous paraissent renfermer toutes les idées premières et indispensables.

Nous avons parlé plus au long d'une compagnie par actions que de toute autre. La raison est que celle-ci , pour le moment, offre le plus de chances de possibilité et de succès. Nous n'en énumérerons pas ici les nombreux avantages et les très-rares inconvénients. Le peu de mots que nous avons dit des autres modes d'opérer suffira , nous l'espérons , pour en faire connaître la valeur.

Et ces compagnies contre l'incendie , grandes , puissantes , honorables , objet de la confiance et de la sympathie universelle , comme il y en a et comme nous en connaissons tant ? Croyez-vous qu'elles feraient une si mauvaise affaire en ajoutant à leurs opérations l'assurance pour l'entretien des immeubles ? Nous pensons qu'elles y gagneraient énormément. D'abord elles possèdent un personnel tout formé , tout organisé ; il n'y aurait qu'à l'augmenter un peu. Et puis leurs preuves seraient déjà faites ; elles n'auraient plus besoin d'attirer la confiance, c'est-à-dire les clients ou les affaires. Elles augmenteraient infailliblement le nombre , la valeur et le produit de leurs opérations, et atténueraient encore leurs chances de perte, en supprimant beaucoup de causes de sinistres ou d'incendie.

Admettons d'ailleurs que notre idée soit difficile à pratiquer, elle n'est pas une utopie , puisqu'on peut la traduire par des statuts très-exécutables et très compréhensibles pour tout le monde. En effet , la plupart d'entr'eux ont été tirés des actes constitutifs des autres compagnies.

TROISIÈME PARTIE.

———

Projet de Statuts.

Il nous semble d'abord, nous l'avons dit, que c'est dans les départements de l'Allier, du Cher et de la Nièvre, que la Compagnie est appelée à s'établir le plus facilement et à réaliser les plus grands bénéfices.

Supposons-la fonctionnant dans ces trois départements seulement, quitte à étendre plus tard ses opérations; n'ayant pu, de prime abord, s'organiser et s'établir à Paris.

Voici, dans ce cas, un projet, mais *seulement un projet* de statuts :

ARTICLE PREMIER.

Il est établi une société sous le nom de Compagnie conservatrice immobilière.

ARTICLE 2.

Elle se charge de la construction et de l'entretien des bâtiments et des réparations à y effectuer. Elle évite au propriétaire les ennuis et les dépenses que nécessitent, soit la construction, soit l'entretien des immeubles.

ARTICLE 3.

La dite Compagnie, pour le moment, restreint ses opérations aux départements de l'Allier, du Cher et de la Nièvre.

Article 4.

Elle entreprend à forfait toute espèce de construction et elle se charge de les réparer et d'en garantir l'entière solidité, pendant le nombre d'années exigées par le propriétaire, qui peut se libérer par annuités des sommes qu'il doit.

Article 5.

Elle traite avec le propriétaire pour l'entretien de tout bâtiment ou maison quelconque, à l'exception de ceux ci-après désignés. Elle traite encore avec le locataire. Dans ce cas, elle est substituée à ce dernier vis-à-vis du propriétaire pour faire l'état des lieux et exécuter les réparations locatives ou autres que peuvent exiger soit le code, soit les baux.

Article 6.

Le propriétaire qui veut traiter avec la Compagnie doit s'engager à lui fournir tous les charrois, transports ou conduites qu'elle exigera pour les constructions, réparations ou reconstructions dans les immeubles du client; ou bien il doit substituer expressément la Société dans les droits qu'il a, par bail authentique, de les exiger de son fermier.

Article 7.

La Compagnie refuse expressément de se charger de tout immeuble à bâtir ou à réparer situé à plus de deux kilomètres d'une ville au-dessous de trois mille habitants et dont le propriétaire ne voudrait pas subir et accepter cette condition. Il n'y a que pour les immeubles situés dans une ville de trois mille âmes et au-dessus, ou à deux kilomètres de là, que la Compagnie n'exige pas de charriages.

Article 8.

Tout propriétaire voulant traiter avec la Compagnie, doit lui adresser une demande. Le directeur envoie l'inspecteur ou un des sous-inspecteurs visiter les bâtiments; lequel fait un rapport. Ce rapport est communiqué à la prochaine réunion mensuelle du conseil d'administration, lequel admet ou refuse la proposition, sans être tenu d'en dire les motifs ailleurs qu'aux réunions bis-annuelles du conseil général ou aux réunions annuelles des actionnaires.

ARTICLE 9.

Si la Compagnie accepte la proposition, elle envoie sur les lieux un expert qui, contradictoirement avec celui du postulant, déclare quelle valeur vénale a l'immeuble et dans laquelle des quatre catégories suivantes il faut le ranger. Si les deux experts ne parviennent pas à s'entendre, les parties devront immédiatement en nommer un ou trois autres dont la décision sera sans appel. La Compagnie et le client paient chacun leurs experts.

ARTICLE 10.

La vente d'un immeuble n'en résilie pas le contrat ; l'acquéreur est tenu de le continuer et il est subrogé aux droits comme aux charges du vendeur.

ARTICLE 11.

En aucun cas, la Compagnie ne peut traiter pour l'entretien total des fabriques, palais, maisons, châteaux, etc., où il y a des fresques, des peintures, des statues, des machines ou autres objets de prix ou de valeur, à moins que le propriétaire ne déclare, par écrit, qu'il n'attribue aucune valeur à ces objets, et n'en rend pas la Société responsable. Dans tous les cas, la Compagnie se chargera de l'entretien des toitures des susdits palais, fabriques, maisons, châteaux, etc.

ARTICLE 12.

La Compagnie ne répond pas des dommages provenant d'inondations extraordinaires, d'invasion de forces militaires quelconques, d'explosion de poudrières, d'artifices. des conséquences d'un tremblement de terre, ni d'incendies quelcon-

ques; néanmoins, si les clients sont assurés à une compagnie
d'une solvabilité et d'une honorabilité incontestables, comme
le *Phénix*, la *Mutuelle de l'Allier*, la *Providence*, la *Générale*,
l'*Union*, etc., elle se charge de régler et toucher les indemnités
qu'on leur doit en cas d'incendie.

Article 13.

La Compagnie répond de la chûte des bâtiments et des dégâts
qu'ils peuvent occasionner en tombant.

Article 14.

La Compagnie, au commencement de son existence, ne
traite que pour cinq ans. A la fin de cette période de cinq
ans, si la valeur des bâtiments est supérieure à celle qu'on
doit laisser au client, il paie la différence, comme la Compagnie la solde s'ils valent moins. Mais on tient compte du taux
fixé pour le service et l'usure des bâtiments pendant ce laps
de temps.

Article 15.

On divisera les bâtiments en quatre catégories : la première,
par an, paye un demi pour cent; la deuxième un; la troisième un et demi, et la quatrième deux, le tout sur la valeur
vénale (ou locative, selon ce que décideront les statuts définitifs). Ces diverses catégories perdront, au bout de cinq ans,
pour le service des bâtiments et sur leur valeur vénale : la
première le quart d'un pour cent; la seconde un demi; la
troisième trois quarts, et la quatrième un pour cent. C'est,
nous l'avons dit, aux experts à régler dans quelle catégorie on
rangera les divers bâtiments du client.

Article 15 *bis*.

Ou bien encore, une fois la demande du postulant reçue
par le directeur, on envoie sur les lieux l'inspecteur ou un
sous-inspecteur, lequel fixe la somme (dont le client doit,
nous l'avons dit, payer une partie), nécessaire à la Compagnie

pour mettre les immeubles, dès la première année, en parfait état de réparations. Il fait un rapport au directeur qui le communique au conseil d'administration. Sitôt qu'on a statué sur son contenu, le directeur adresse au postulant le résultat des délibérations, c'est-à-dire quelle somme et quelle prime on exige de lui.

Article 16.

Le client doit répondre tout de suite s'il accepte ou s'il refuse. Dans le premier cas. il est tenu de verser immédiatement, soit l'argent dû pour les réparations et la prime annuelle, soit enfin la première annuité, selon le mode d'opérer qu'on adoptera; ou bien il doit en servir l'intérêt, à dater du jour qu'il a reçu l'avis du directeur sur les conditions à lui imposées.

Si le demandeur refuse, il doit rembourser à la Compagnie ses frais et débours. Quinze jours écoulés après la réception de la lettre du directeur (et on accordera tant d'heures par myriamètres, comme fait le code pour la promulgation d'une nouvelle loi), si le postulant n'a pas répondu, il est censé avoir refusé les conditions de la Compagnie et on a le droit de lui réclamer ces frais et débours, à moins qu'il ne traite avec la Société.

Article 17.

La présente Compagnie n'aura d'effet qu'après qu'elle aura été autorisée par le gouvernement.

Article 18.

Un arrêté du conseil d'administration déterminera le jour d'entrée en activité de la Compagnie. Cet arrêté sera envoyé à chacun des actionnaires. Il sera de plus communiqué au ministre de l'intérieur.

Article 19.

Si, à l'expiration d'une période de cinq ans, la Société n'a pas pour trente-cinq millions d'immeubles, soit entrepris, soit entretenus, la dissolution sera immédiatement prononcée par le conseil général convoqué à cet effet.

Article 20.

Si jamais le capital social est diminué de moitié, le directeur ou le grand conseil convoque l'assemblée des actionnaires et la Société est dissoute de plein droit.

Article 21.

Si l'un des deux cas se présente, alors tout traité, tout bail, tout projet avec les clients est dissous de plein droit et l'on procède à l'estimation de leurs bâtiments entretenus. Si cette estimation donne un bénéfice, il se répartit dans les proportions suivantes, mais après les frais de liquidation prélevés : un quart aux clients (ceci est encore à décider, mais nous parait juste, puisqu'il y a une espèce de dédit de la part de la Compagnie), et les trois autres quarts aux actionnaires. Si cette estimation donne une perte, on comble ce déficit avec ce qui reste dans la caisse ou l'actif de la Compagnie, après les frais de liquidation payés. Le surplus est distribué aux actionnaires. Enfin, si la caisse et l'actif ne suffisent pas pour combler ce déficit, on distribue ces fonds à chacun des clients, au proratum du montant des primes payées par lui à la Compagnie.

Article 21 *bis*.

Dans le cas où la Société, procédant de l'autre façon, aurait mis, dès la première année et de concert avec le propriétaire les bâtiments en très-bon état, le client, par suite de la dissolution de la Société, longtemps avant la fin du bail, devrait lui rembourser une partie de la somme qu'elle a payée, la première année, pour toutes ces réparations. Cette partie de somme, nous l'avons expliqué plus haut, aura été spécifiée et indiquée avant de conclure et d'un commun accord entre les contractants.

ARTICLE 22.

Tout différend, toute contestation entre la Compagnie et le client, seront jugés souverainement et en dernier ressort par le syndicat des entrepreneurs établi dans la ville la plus voisine (ou bien par des experts choisis amiablement par les parties contractantes). La Compagnie et les clients renoncent dès à présent à toute autre voie d'appel. Tout client, ouvrier ou entrepreneur ayant eu une difficulté avec la Compagnie et ne voulant pas se soumettre au jugement d'experts amiablement nommés, est, à l'avenir et pour toujours, exclu de toute affaire et de tout marché quelconque avec la Société.

ARTICLE 23.

Lorsqu'un propriétaire traite pour l'entretien de ses bâtiments, la Compagnie n'est tenue qu'à les conserver et à les entretenir. Cela ne doit être pour le propriétaire qu'une cause d'affranchissement et de conservation, mais pas du tout de bénéfice ou d'amélioration quelconque. Le client ne peut donc pas exiger qu'on lui rende des bâtiments valant plus ou se trouvant en meilleur état qu'ils n'étaient avant le traité.

ARTICLE 24.

Le capital social est fixé à trois millions divisé en six mille actions de cinq cent francs chacune.

ARTICLE 25.

La compagnie ne peut pas fonctionner avant que le capital soit entièrement souscrit.

ARTICLE 26.

Une fois le capital social souscrit et les formalités ci-dessus indiquées remplies, les souscripteurs doivent verser la moitié des fonds dans les quinze jours qui suivent celui de la mise en activité de la compagnie ; le reste au fur et à mesure qu'on fera des appels de fonds.

Article 27.

Toute prime est payable d'avance.

Article 28.

Tout actionnaire a le droit d'assister à la réunion annuelle et d'y entendre le rapport. Seulement, pour y pouvoir voter, il faut posséder quatre actions et on a droit à autant de votes qu'on a de fois quatre actions ; mais un seul individu ne peut avoir néanmoins plus de vingt voix.

Article 29.

Le siége de la Société est à . . . ; c'est là que doit habiter le gérant et que doivent se réunir le conseil d'administration et le conseil général.

Conseil d'Administration.

Article 30.

Il est établi un conseil d'administration.

Article 31.

Il est composé de douze membres , plus si ce chiffre paraît insuffisant, et chacun des trois départements y sera représenté par au moins trois membres.

Article 32.

Le conseil se réunit le premier jour de chaque mois. Il examine , avec le gérant et l'architecte inspecteur , l'état de la Société ; il en surveille le bilan , la gestion et les intérêts ; mais il lui est expressément défendu de modifier , de changer ou d'atténuer , en quoi que ce soit , les statuts de la Société ; il doit s'y conformer en tout et pour tout.

Article 33.

Les membres du conseil sont nommés pour deux ans.

Pour être rééligibles , il faut qu'ils réunissent au moins les deux tiers des voix.

Article 34.

Ils nomment un président et un secrétaire , lesquels , deux fois par an , font un rapport au conseil général.

Article 35.

Au conseil d'administration appartient le droit exclusif d'in tenter toute action judiciaire. Toute réparation ou construction excédant la somme de deux mille francs doit lui être soumise et n'être commencée que sur son autorisation écrite.

Article 36.

Tout membre du conseil ayant manqué à trois réunions de suite sans motifs graves et sans en avoir donné avis au directeur , est réputé démissionnaire de droit , et on procède à son remplacement , à la prochaine réunion bis-annuelle du conseil général.

Article 37.

Ces fonctions sont gratuites et ne donnent droit qu'à des jetons de présence évalués dix francs.

Conseil général.

Article 38.

Il est en outre établi un conseil général composé de tout actionnaire possédant au moins huit actions.

Article 39.

Il se réunit le premier avril et le premier octobre de chaque année.

Article 40.

Il entend le rapport du président du conseil d'administration et les explications du gérant et de l'architecte-inspecteur présents aux séances.

Article 41.

Il nomme , tous les deux ans, les membres du conseil d'ad
ministration, qui doivent être choisis parmi les individus faisan
partie du conseil général.

Article 42.

Toute réparation ou construction excédant quatre mille fr
doit lui être soumise et approuvée par lui , avant d'être com
mencée.

Article 43.

Toutes les fois que l'un ou l'autre des deux conseils se réu
nit, après deux appels nominaux , ils ont le droit de voter
quel que soit le nombre des membres présents.

Article 44.

Le gérant doit envoyer , dix jours avant la réunion géné
rale et à chacun de ses membres , un imprimé mentionnan
le lieu , l'heure et le jour de la réunion.

Directeur-général-gérant.

Article 45.

Il est établi un directeur général-gérant.

Article 46.

Il a seul la signature sociale; mais il ne peut engager la Com
pagnie en quoi que ce soit , hormis ce qui a rapport à la So
ciété.

Article 47.

Toute réparation ou construction n'excédant pas deux mill
francs peut être entreprise par son initiative , mais sous s
responsabilité et sous la direction de l'architecte-inspecteur qu
est aussi responsable.

ARTICLE 48.

Il doit prendre soixante actions , lesquelles il ne peut aliéner parce qu'elles servent de garantie de sa gérance, ainsi qu'une somme ou une obligation ou un titre de rente quelconque de vingt ou trente mille francs qu'il dépose chez le banquier de la Société, dans une étude ou dans tout autre endroit indiqué , mais dont il touche lui-même les intérêts. Il peut encore donner une hypothèque pour cette somme sur ses propriétés.

ARTICLE 49.

Le gérant peut être révoqué pour des motifs graves , comme dol ou incapacité ; mais il faut pour cela une délibération du conseil d'administration et une décision de l'assemblée générale des actionnaires.

ARTICLE 50.

Si la fraude du gérant était prouvée , son cautionnement et ses actions seraient confisqués, au profit de la Société, jusqu'à concurrence du dommage qu'il aurait causé. Pour cela une décision de l'assemblée générale est nécessaire et il faut qu'elle soit rendue à une majorité composée au moins des trois quarts des voix des membres présents.

ARTICLE 51.

Ses appointements sont fixés à six mille francs par an et quatre pour cent dans les bénéfices. Seulement il ne touche que quatre mille francs tant qu'on n'a pas donné aux actionnaires cinq pour cent pour l'intérêt de leurs actions. Il est obligé d'installer ses bureaux à ses frais.

ARTICLE 52.

La société lui paiera un nombre de commis en rapport avec le travail qu'il aura.

ARTICLE 53.

Le gérant est tenu de faire un rapport détaillé : 1° tous les

ans , à l'assemblée générale des actionnaires ; 2° un moins détaillé à chaque réunion bis-annuelle du conseil général.

Architecte-Inspecteur.

Article 54.

Le gérant a sous ses ordres un architecte inspecteur-général
des bâtiments.

Article 55.

L'inspecteur est, par lui-même ou par ses sous-inspecteurs,
chargé de surveiller , réparer ou construire les bâtiments ; il
visite , par lui-même ou par ses employés , mais toujours sous
sa responsabilité , les granges , domaines , maisons, etc. pour
lesquels on demande à traiter, et adresse là-dessus un rapport
au gérant.

Article 56.

Il est chargé de faire un rapport détaillé : 1° tous les ans ,
à l'assemblée générale des actionnaires ; 2° un autre plus
succinct à chaque réunion bis-annuelle du conseil général.

Article 57.

Ses appointements sont fixés à quatre mille cinq cent francs
et deux pour cent dans les bénéfices. Seulement il ne touche
que trois mille francs tant qu'on n'a pas distribué aux actionnaires cinq pour cent pour intérêts de leurs actions. Il est obligé
d'installer ses bureaux à ses frais.

Article. 58.

La société lui paiera un nombre de commis en rapport avec
le travail qu'il aura.

Sous-inspecteur.

Article 59.

L'architecte-inspecteur est remplacé , dans chaque arrondis-

sement , par un sous-inspecteur placé sous ses ordres et qu'il
doit inspecter et surveiller.

Article 60.

Chaque sous-inspecteur doit adresser un rapport à l'inspecteur toutes les fois que celui-ci le réclame et dans tous les cas
au moins une fois par an. Il doit, de plus, faire, dans son arrondissement, les tournées qu'exige l'intérêt de la compagnie.

Article 61.

Leurs appointements sont fixés à deux mille francs par an;
de plus on distribue entr'eux quatre pour cent sur les bénéfices.

Article 62.

Enfin la compagnie aura , dans chaque canton , un agent
qui percevra une prime pour chaque clientèle ou affaire qu'il
procurera et vis-à-vis de qui on suivra les mêmes conditions
que suivent les autres Compagnies envers leurs agents cantonnaux.

Article 63.

Tout employé ou agent de la Compagnie peut traiter pour
ses bâtiments ; mais il est expressément défendu d'y ordonner la moindre réparation sans la permission écrite du gérant et de l'inspecteur , et sans une autorisation écrite et signée
par les membres du conseil d'administration.

Article 64.

Au mois de janvier , on distribue aux actionnaires , avant
tout autre prélèvement que les appointements des employés
et les salaires des ouvriers ou fournisseurs, un intérêt de cinq
pour cent, et, au mois de mai, on leur distribue le dividende ,
lequel se partage ainsi :

1° Quatre pour cent au directeur ;

2° Deux pour cent à l'architecte-inspecteur ;

3° Quatre pour cent à distribuer entre les sous-inspecteurs ;

4° Sept pour cent à partager entre tous les autres employés, commis ou agents cantonnaux, etc.

5° Trente-trois pour cent aux actionnaires ;

6° Cinquante pour cent, soit pour la réserve, soit pour les frais généraux ou les acquisitions.

ARTICLE 65.

Sitôt le capital social entièrement souscrit, a lieu une réunion générale d'actionnaires, laquelle organise la Société et en règle définitivement les opérations, conditions et statuts.

QUATRIÈME PARTIE.

Améliorations, considérations, et conclusion

On a dû le remarquer, nous n'avons pas écrit une seule fois le mot assurance dans tout le cours des statuts. Là nous n'en avions plus le droit, l'article 1964 du code nous l'interdisait. En effet la désignation impropre de la Société sous le nom de Compagnie d'assurance forcerait les tribunaux à lui appliquer les lois, et surtout les conséquences de ces lois, qui régissent les Sociétés d'assurance. Le droit a sa langue particulière plus ou moins intelligible ; mais là où il est pour quelque chose il faut s'en servir, à peine de mécompte et d'erreur. Or , dans la langue du droit , l'opération dont il s'agit se nomme marché à forfait. Que dans tous les actes officiels, comme rapports avec le client, prospectus, annonces, statuts, etc. la Société proscrive sévèrement le mot assurance , et qu'elle s'intitule simplement : la conservatrice immobilière, Compagnie pour la construction et l'entretien des bâtiments. Mais que cette concession de mots ne l'empêche pas d'adopter toutes les idées et spéculations qui lui paraîtront bonnes , raisonnables et lucratives. Du reste les lois régissant les Sociétés d'assurance nous ont paru simples et compréhensibles, chose rare assurément ! Elles sont devenues très-claires déjà et elles le deviendront bientôt davantage encore par la fréquente application qu'on en fait tous les jours , depuis que les assurances se vulgarisent à l'infini partout et surtout. Néanmoins , dans le corps de notre opuscule , nous employons ce mot assurance , lequel parfois semble mieux rendre notre pensée que celui de marché à forfait , plus technique , plus légal peut-être , mais excluant toute idée de durée et de garantie positive, entière et de bien longue durée.

A ceux qui nous diraient : « Il ne peut pas exister d'assurance là où il n'y a pas de cas aléatoires » , nous répondrions : « Tant mieux en cette occurrence, tant mieux pour l'actionnaire, puisque la Compagnie, tout en ayant beaucoup de clients, ne pourra jamais être ruinée par ces cas aléatoires , tant mieux pour le client puisqu'il trouve de la sorte toute espèce de garantie. » Au surplus, qu'on la désigne sous tel nom qu'on voudra , cette spéculation ne sera jamais mauvaise , soit pour l'assureur , soit pour l'assuré

Si nos chiffres sont trop ou pas assez élevés ; si un ou plusieurs de nos statuts sont fautifs ou incomplets , il n'y a qu'à les changer, retrancher ou modifier lorsque le temps ou les circonstances en auront démontré l'utilité. Supposons qu'une assurance , celle des moulins par exemple , donne lieu à des mécomptes ou à des procès , il n'y a qu'à les rayer du catalogue , c'est-à-dire à ne plus les renouveler et surtout à n'en plus accepter de pareilles.

Quelle Société, quelle Compagnie ou association littéraire, industrielle ou commerciale n'a pas modifié, changé même plusieurs fois un grand nombre de ses statuts ? En toute chose , les tâtonnements et les modifications sont les étapes du progrès.

Comme on le voit nos statuts renferment des idées générales, qu'il faut appliquer en grand ou en petit, selon l'importance et l'étendue de la société. On peut ajouter , on peut retrancher , suivant la valeur et la direction , soit donnée à l'affaire , soit prise par elle-même.

Quelques-uns pourtant craindront de voir surgir une rivalité entre le directeur ou l'inspecteur-général. Tous deux devant être des hommes importants et de plus très-habiles , aucun

ne voudra céder à l'autre et ils ne pourront jamais s'entendre. Peut-être faudrait-il que le même individu remplît ces
deux charges, quitte à occuper un plus grand nombre de
commis ? Nous croyons peu à l'existence d'hommes universels.
Il nous semble donc difficile de rencontrer un de ces prodi-
ges d'intelligence et d'activité pouvant suffire à deux emplois,
lesquels exigent chacun des talents distingués et des aptitudes diverses. En effet, pour l'un, il faut un individu orga-
nisateur et comptable très-habile ; pour l'autre, un architecte
travailleur, pratique et très intelligent.

Comment peut-il exister entre ces deux hommes une rivalité durable et sérieuse ? Hiérarchiquement d'abord, l'inspecteur-général est au-dessous du directeur ; il doit lui obéir,
mais non pas supporter, de ce côté, une injuste et continuelle
tyrannie. Il y a au-dessus du directeur le conseil d'administration et le conseil général, au contrôle desquels il est soumis, lui, comme tous les employés. L'inspecteur ne pourrait-il
pas y porter ses réclamations et en obtenir le redressement
de ses griefs justes et raisonnables ?

Les attributions et fonctions de ces deux employés sont, en
tout et pour tout, parfaitement distinctes les unes des autres.
Qu'ils restent chacun dans leur rôle, et jamais ils n'auront de
contestations. Là, comme dans toute Société, c'est aux administrateurs (c'est-à-dire aux membres des deux conseils)
de surveiller les employés et d'empêcher parmi eux la tyrannie, l'indiscipline, l'empiétement et l'insubordination. Peu,
très-peu de compagnies ont encore péché par là ; pourquoi la
nôtre constituerait-elle, à elle seule, une si triste exception ?
Choisissons bien le directeur-général ; c'est le point important, et l'administration fonctionnera d'elle-même, sans tyrannie, révolte, querelles ni tiraillements quelconques.

On va nous dire que nous voulons un gérant et des employés capables et profiter de leur intelligence et de leur travail
sans les payer ; il en est même qui nous accuseront de rêver
l'exploitation de l'homme par l'homme. Tous ces chiffres que

nous avons formulés s'appliquent seulement à une Compagnie opérant sur un rayonnement peu étendu. Il est évident que si la Société acquière une grande importance ; si elle a son siége à Paris , on sera obligé d'augmenter et beaucoup , non seulement le capital social , mais encore les appointements des employés. La Compagnie ferait alors de nombreuses et notables affaires, et pour cela il lui faudrait le secours de grands capitaux et la direction d'un homme très important et habitant Paris; cet homme, coûterait cher on doit s'y attendre. Nous ne voulons pas de l'exploitation de l'homme par l'homme , puisque nous désirons voir participer tous les employés aux bénéfices sociaux. Une fois pour toutes , nous cherchons le bien de tous. le mal d'aucun : propriétaire, actionnaire, ouvrier, employé ou client.

La surveillance paraitra sévère, outrée même, et la gérance de la sorte paralysée. Nous prétendons nous que l'administration du gérant sera aidée , contrôlée , mais nullement paralysée. La Mutuelle de l'Allier est organisée d'après ces bases ou peu s'en faut, et cependant cela n'a pas empêché, n'empêche pas encore qu'elle ne fonctionne admirablement. Le juste, a dit l'Evangile , doit tomber sept fois. Hélas! Il suffit d'une seule chute pour qu'un directeur compromette à jamais l'avenir , l'existence même d'une Société. Le cheval le meilleur , le plus sûr , est-il bien prudent de l'abandonner à lui-même et de lui lâcher entièrement la bride? Dans son intérêt même , il faut le surveiller. Marino Falieri trouvait gênante la constitution Vénitienne; Monsieur Prost trouvait certain directeur de caisse trop peu accommodant. trop peu soumis. Cependant l'une a retardé de quatre siècles la chute de la reine de l'Adriatique, et l'autre a sauvé les intérêts de ses commettants. Rappelez vous-le , l'honnête homme ne redoute aucune surveillance, aucun regard ; il chemine au grand jour; il n'a pas d'intérêt à cacher ses actes et ses démarches. Au contraire il remercie ceux qui l'avertissent de ses erreurs ou de ses fautes. Souvent même il consulte ses amis et les hom-

mes qu'il sait les plus probes , les plus sages et les plus judi-
cieux.

Le directeur de la compagnie , s'il a du bon sens et de la
probité , sera le premier à nous remercie r de l'avoir entouré
d'hommes probes et capables. S'il est honnête et intelligent ,
il trouvera chez eux sympathie , respect , appui , dévoû-
ment , confiance toujours , avis et conseils , quand il en aura
besoin. En tout cas , ce conseil de surveillance ainsi composé
sera pour lui une immense force morale.

Une mesure excellente à adopter, ce serait , si la compagnie prospérait et entreprenait des constructions , d'avoir des
types de granges , de maisons pour colons , de hangars, d'é-
tables , etc. Ces types, on saurait bientôt invariablement leur
prix de revient , pour chaque localité. Quand un propriétaire
réclamerait une de ces constructions et qu'on se serait entendu avec lui pour le prix ou les annuités à payer , on écri-
rait à un maçon, charpentier ou entrepreneur quelconque, et
on pourrait bien souvent , sans déranger personne , donner
cette entreprise à forfait. On manderait seulement aux entrepreneurs de venir signer les sous-seings.

Il faudrait encore que chaque assuré envoyât le plan de ses
bâtiments ou que la compagnie le fît lever. On réunirait tous
ces plans en un atlas, et Dieu sait les services que cet atlas
rendrait à l'acquéreur , aux vendeurs, aux experts chargés de
régler des partages ou des difficultés , aux hommes d'études,
de recherches ou de statistiques etc. ! A ce propos, de quel
secours sera cette compagnie, à supposer qu'elle se généralise,
pour les commissions de statistique, gouvernementale, sur les
prix de la main-d'œuvre , de la journée , du mètre-cube de
maçonnerie , du bois de charpente etc.

On trouve quelquefois , dans les petites villes surtout, d'immenses bâtiments inhabités, inutiles, qui se délabrent et dont
on ne tire aucun parti. Est-ce que la compagnie dirigée par
des hommes intelligents et spéciaux ne trouverait pas bien souvent le moyen de les utiliser avec avantage et d'en tirer pro-

tit? Qu'elle agît pour son compte ou pour celui du propriétaire , elle y ferait certaines réparations , certains changements, et les adapterait aux différents et nouveaux besoins des localités où ils sont situés. Dans ces circonstances , voilà pour le propriétaire ou la compagnie, pour tous les deux même , une spéculation excellente et très-sûre. Ce cas se présente très-fréquemment , le décès de tel individu, la mort , la stagnation ou le déplacement de telle industrie locale , la vente en détail de tel corps de domaine rendent souvent beaucoup de bâtiments inutiles, si on ne leur trouve pas une autre destination. L'établissement d'un chemin de fer par exemple n'amène-t-il pas la suppression de fait des postes et de beaucoup d'auberges dans les localités qu'il traverse?

Osons dire toute notre pensée : on doit soumission , mais non pas toujours admiration absolue aux lois de son pays. Disons mieux, on ne doit jamais admettre , sous peine de nier le progrès, qu'elles soient arrivées à la perfection. Les gouvernements qui se sont succédé dans ces dernières années, ont, avec raison , selon nous, donné beaucoup d'attention aux logements insalubres , ce chancre des classes laborieuses. Le gouvernement impérial surtout s'en est toujours beaucoup occupé et il s'en occupe encore très-sagement , et il l'a prouvé à la dernière législature. Pour combattre les logements insalubres , on a bâti des cités ouvrières , porté d'excellentes lois , envoyé à tous les maires de bien bonnes circulaires, c'est vrai ; mais qu'il reste encore d'améliorations à effectuer dans les campagnes surtout !

Nous le disons avec confiance , le plus terrible ennemi des logements insalubres , le seul qui peut et doit les faire disparaître entièrement, sans froisser personne, c'est la société dont nous nous occupons. Qu'elle s'établisse , qu'elle fonctionne ; le remède à cette plaie sociale est trouvé!

Plusieurs instituteurs ont étudié avec intelligence et avec fruit les constructions agricoles et possèdent là-dessus des idées fort bonnes et fort justes. L'autorité supérieure ne pour-

ı aît-êlle pas , dans certains cas , et sans que les occupations
scolaires en souffrissent , autoriser la compagnie à leur confier l'ordonnance , la surveillance ou le toisé de certains travaux qui se feraient tout près de chez eux ?

Si cette idée est d'une application possible, le maître trouvera un emploi très-utile et très-hygiénique pour ses quelques heures de récréa ion, un sujet d'étude intéressant et va-
rié , un supplément à son pauvre salaire , surtout la possibilité de donner quelques notions indispensables à de jeunes
élèves dont la plupart se destinent à devenir maçons, menui-
siers, charpentiers, etc.

Cette compagnie nous paraît devoir propager la substitution
du travail à la tâche ou à l'entreprise au travail à la journée;
car elle occupera trop d'ouvriers dans différents endroits pour
ne pas adopter partout ce mode de travail. Qu'elle soit alors
mille et mille fois bénie ; n'obtiendrait-elle que ce résultat!
Le travail à la journée offre aux yeux de certains économistes, quelque chose de démoralisant; pour eux il assimile l'homme à la brute et rappelle l'esclavage transitoire. A nos yeux, ce
travail est simplement absurde et improductif pour tout le
monde.

Une preuve encore que notre idée n'est pas une utopie, c'est
qu'on trouverait plus d'un point de comparaison entre l'organisation , pour le personnel au moins , de la compagnie qui
nous occupe et celle des architectes départementaux , diocé-
sains, etc. et surtout celle des architectes pour les monuments
et les palais impériaux. C'est là que cette ressemblance frappe
davantage , et cependant quelle administration mieux réglée ,
mieux tenue et dirigée ?

Que de gens ne peuvent pas louer ou acheter telle ferme ni
habiter telle de leurs propriétés, parce qu'il n'y a pas de maison convenable. Combien d'agriculteurs très-riches et très-
intelligents voudraient louer votre ferme , où les terres sont
presque vierges et les améliorations faciles et lucratives! Il y a
encore, dans le centre de la France, beaucoup de terres de cinq

cents à mille hectares où il existe à peine une mauvaise maison de fermier ; l'intérêt du propriétaire y réclame toujours un agriculteur riche et habile ; est-ce qu'il peut y venir sans y être logé ? De même vous voudriez acheter ou habiter tel domaine, pour l'améliorer ou vous distraire ; mais vous n'osez pas construire et dépenser ainsi une grosse somme ; car ces bâtiments deviendront peut-être inutiles , par suite du dégoût que vous prendrez plus tard pour la villégiature et du peu de valeur que donne à une propriété un vaste et beau château. Eh bien, on construit maintenant des châlets tout en bois , très-propres , très-confortables, d'un déplacement facile et d'un prix peu élevé. Qui empêche la société d'en louer aux clients, à certaines conditions et moyennant certains avantages ? Nous savons qu'il existe des négociants ou entrepreneurs qui s'occupent de vendre des châlets ; mais aucun, croyons-nous , ne traite pour en louer. En tous cas, ceux , s'il en est , qui se livrent à cette spéculation , quelque intelligents et riches qu'ils soient , ne peuvent jamais opérer aussi en grand qu'une puissante compagnie. Ils offrent donc à l'acquéreur moins de choix , d'exactitude et d'économie. Là ne se bornera pas cette spéculation lucrative. La compagnie louera nonseulement de ces châlets en bois pour habitation , mais encore pour étables granges , bâtiments d'exploitation , etc. Dans une grande partie de la Suisse, aux portes mêmes de Genève, toutes les fermes sont construites en bois, et le bétail , on le sait , y est admirable de conformation et de santé.

A notre époque , on défriche partout d'immenses étendues de broussailles, de bruyères , de patures, voir même de bois; c'est bien souvent le moyen d'en doubler le produit. Mais, pour attteindre ce résultat, il faut créer et construire des corps de ferme entiers. Cette difficulté , ces dépenses énormes arrêtent parfois , épouvantent toujours le propriétaire. Cet inconvénient n'existe plus du moment où la compagnie opère sur la location des châlets. Le maître ou le fermier , quand cela deviendra nécessaire , n'auront qu'à s'entendre avec la

société. Elle leur louera , pour un certain nombre d'années,
une ou plusieurs de ces constructions mobiles et portatives.
Ces bâtiments seront très-utiles et n'exigeront pas l'absorption
d'un important capital et une perte énorme pour s'en débarrasser à la fin du bail.

Plusieurs faits viennent corroborer notre opinion : Soit par
suite de l'extension des affaires , du commerce ou de l'industrie , comme à New-York et autres grands centres du conti-
nent américain , soit par suite de circonstances politiques ,
comme à Florence, dans beaucoup de villes où la population
se double ou se triple, on expédie de partout une prodigieuse
quantité de châlets en bois. Sans aller si loin, de nombreux
agronomes possesseurs de landes qu'ils veulent défricher,
Madame la princesse Bacciochi , croyons-nous , entr'autres ,
y installent des châlets , provisoirement ou à demeure.

On nous objectera que l'acquisition est plus avantageuse que
la location; nous répondrons qu'il est plus facile aux particuliers , souvent même aux compagnies et aux gouvernements,
de payer un intérêt ou un loyer qu'un capital ou une construction.

Ceux qui n'ont ni le temps , ni la patience de bâtir ; beaucoup de fermiers de domaines , de pêche , de chasse ; tous
les entrepreneurs de casinos , de bains ; ceux qui , pour une
entreprise , une distraction , une spéculation , un essai , un
plaisir etc. etc, ont besoin d'installer rapidement une habitation provisoire , transitoire ou temporaire dans une localité,
ne seront-ils pas heureux d'y parvenir , au moyen d'un loyer et sans y enfouir d'importants capitaux ? Ils trouveront
cela très-commode ; d'autant mieux que ces châlets sont en
général confortables , bien construits , faciles à transporter ,
peu coûteux , et de plus très-chauds quoi qu'il y paraisse , le
bois étant mauvais conducteur du calorique. La construction
de ces châlets , voilà , pour la compagnie, un moyen d'utiliser avantageusement beaucoup de bois provenant de démo-

litions , de restes de constructions ou même de forêts , si elle parvient à en posséder.

Nous avons entendu des philanthropes et des économistes déplorer de voir encore , dans certains départements , ces affreuses couvertures en chaume , désespoir des compagnies d'assurance contre l'incendie. Les uns disent qu'il est triste de songer qu'un créature humaine repose dans une hutte ; les autres que ces pailles seraient bien plus utilement employées si on les convertissait en engrais pour améliorer les terres. Tous demandent que l'état proscrive ces sortes de toiture.

Nous ne partageons pas cet avis. Nous avouons , avec Jean-Jacques Rousseau , que la couverture à paille est , en toute saison , la plus saine et la plus agréable. Elle est de plus imperméable à la neige et inattaquable à la grêle.

Néanmoins nous songeons aux nombreux incendies que ces toitures occasionnent , aux myriades de rats et d'insectes de toutes sortes qui y pullulent, et nous nous rangeons du côté des partisans de la tuile et de l'ardoise. Mais nous ne croyons pas à l'état le droit de les proscrire. Ces bâtiments couverts à paille sont une propriété, et la propriété forme , avec la liberté, la religion et la famille, l'arche sainte sociale; tout pouvoir qui y touche est prévaricateur et sera infailliblement écrasé par elle.

Il faut encourager et patronner l'établissement de la compagnie , et ces toitures disparaîtront avant peu. Quand la société occupera . affermera , exploitera , peut-être même possédera des fours à tuiles ou des carrières d'ardoises , elle n'aura pas la sottise d'acheter de la paille pour réparer des toitures. Elle sera trop intéressée à montrer et à répandre ses produits qui seront bien soignés , fabriqués ou choisis. Alors elle en vendra beaucoup, même aux propriétaires qui ne seront pas assurés. Ceux-ci en effet n'emploieront plus de la paille pour couvrir leurs immeubles quand ils pourront se procurer de l'ardoise ou de la tuile d'excellente qualité et dans de bonnes conditions, chose si rare aujourd'hui ! C'est là sur-

tout que la société serait en droit d'attendre quelques avantages, voire même quelques rétributions, de ses sœurs les compagnies contre l'incendie. Ne les délivre t-elle pas de leur
plus grand fléau ? Que de services l'immobilière va rendre à
toutes ces diverses sociétés contre l'incendie ! Que de sinistres
elle leur évitera au moyen de réparations bien ordonnées et
faites à propos ! Tout service mérite salaire. Est-ce que ces
compagnies, à leur tour, si riches et si puissantes, n'offriront
pas quelques avantages à celle-ci dont elles n'ont aucune concurrence à redouter ?

Presque toutes les compagnies contre l'incendie réunissent
et distribuent de beaux dividendes à leurs actionnaires; celles
contre la grêle réussiront tout aussi bien quand elles auront
trouvé un tarif juste et raisonnable ; déjà même il en est beaucoup qui font de très-bonnes affaires. Cependant toutes, ces
sociétés subissent fréquemment d'épouvantables catastrophes
qu'elles ne peuvent ni parer ni prévenir.

Nous, au contraire, n'avons pas à lutter avec l'atmosphère ou
la température ; nous n'avons qu'un seul ennemi à combattre
et encore nous pouvons en paralyser ou en amoindrir presque
tous les effets. Au moyen d'étais , de croix de Saint-André ,
de quelques tuiles , briques , gluis de paille , à très peu de
de frais en un mot , on peut éviter qu'un bâtiment tombe ,
qu'il y pleuve , qu'il soit décrépi et affreux ; c'est là tout ce
que l'assuré peut exiger. Cela est plus facile , il nous semble,
que de préserver un domaine de cinquante ou soixante hectares.
des dégâts de la grêle ou de la gelée. Cela est plus commode
que d'arrêter les terribles fureurs de l'incendie.

Tout le monde sait qu'un bâtiment bien entretenu ,
ne coûte presque rien par an , surtout quand les réparations sont ordonnées et surveillées avec à-propos et assi-
duité par un homme d'intelligence et de pratique. Il faut alors
bien des années avant qu'on y aie dépensé une somme tant
soit peu importante.

Certains cantons , certaines communes même disséminées ,

semblent prédestinés à subir continuellement d'épouvantables grêles , d'effrayants incendies , tandis que d'autres pays ne les éprouvent jamais. De là peuvent résulter de notables pertes pour ces diverses compagnies d'assurance. Car , dans les premières contrées, on s'assure toujours , et dans les secondes bien rarement. Notre société n'a rien à redouter de pareil , puisque ce sera , nous l'avons prouvé , sur les plus mauvais bâtiments qu'on gagnera davantage au moyen d'une combinaison calquée sur celle du crédit foncier. Nous ne craignons donc pas qu'on n'assure seulement que les bâtiments en ruine.

De là résulte encore une difficulté bien grande **pour** établir dans les prix une moyenne juste , raisonnable et rémunératrice. Néanmoins ces compagnies prospèrent souvent ; à plus forte raison la nôtre doit-elle réussir , car il n'en est pas ainsi pour l'entretien des immeubles ; là en effet il n'y a rien d'aussi facile que de trouver cette sage moyenne. Presque partout en France les bâtiments ont à peu près une égale durée et nécessitent, somme toute, les mêmes soins et les mêmes dépenses. De Lille à Bayonne , de Brest à Nice, une construction n'est pas , au total , infiniment plus dispendieuse ici que là. Dans telle localité, la pierre coûte plus cher , mais le bois est à meilleur marché; ici vous économisez sur la chaux ce que vous dépensez en plus pour la main-d'œuvre ; là vous remplacez le moëllon par la brique faite sur place ou même par le pisé. En France , il est deja possible de fixer une moyenne sûre et rémunératrice pour l'entretien des bâtiments. Cela deviendra bien plus facile quand les voies de communication perfectionnées, quand les chemins de fer multipliés y auront presque équililibré partout les prix de revient. Alors la compagnie agira à coup sûr ; car rien ne la force à étendre ses opérations aux Antilles par exemple , où certains insectes détruisent en peu de temps la menuiserie et la charpente ; aux Alpes et aux Pyrénées , où les avalanches et les quartiers de rocher engloutissent , renversent des maisons ,

quelquefois même des villages entiers. En tout cas ces pays
sont peu nombreux et peu importants ; il n'y aurait qu'à ne
pas s'en occuper ou leur appliquer un tarif spécial.

Voilà un autre avantage que présente la compagnie qui nous
occupe : le client d'une société contre l'incendie peut parfaitement brûler sa maison pour toucher le montant de l'assurance , surtout s'il a besoin d'argent. Il est aujourd'hui si facile de mettre le feu avec cette profusion d'allumettes de toutes sortes répandues dans toutes les mains. On se cache plus
facilement pour incendier que pour dégrader.

Chez nous, au contraire, l'intérêt de l'actionnaire concorde
pleinement avec celui de l'assuré. En effet quel avantage les
clients , fermiers , locataires ou propriétaires peuvent-ils
trouver à commettre de puériles et méchantes dégradations ?
Qu'y peuvent-ils gagner ? Des dérangements, des charrois à
supporter , d'énormes dommages à payer s'il se laissent sur-
prendre. Il y a bien des individus pouvant et devant signaler
ces méfaits : le locataire , le propriétaire et le fermier exer-
ceront une réciproque surveillance ; la jalousie , la haine ,
parfois même l'intérêt les y pousseront. La compagnie acti-
vera cette surveillance , en encourageant et payant les gardes,
régisseurs, etc, tous ceux en un mot qui dénonceront les dégâts commis et les coupables. Il en coûtera peu et l'on sera
sûr de connaitre les dégradations fréquentes et méchamment
opérées. Aujourd'hui déjà la malveillance incendie bien moins,
elle dégradera donc fort peu , quand elle se verra surveillée.
La justice découvre souvent, presque toujours, les trames et
les crimes les mieux conçus , combinés et cachés ; elle trouverait bientôt les auteurs de méfaits patents et visibles.

On parle d'agriculture , de science agricole ; des mots que
tout cela ! Avouons-le tristement, aujourd'hui les grands capitaux désertent la propriété , nous l'expliquerons plus loin.

La conséquence est que la propriété se morcelle. En tout
nous évitons les extrêmes , certains que nous sommes de n'y
jamais trouver la vérité. Nous voulons , nous appelons le

fractionnement , mais non pas illimité de la propriété. Quel peuple plus malheureux que l'Irlandais mourant de faim sur son dixième d'acre épuisé ? Quel peuple plus à plaindre que le serf russe végétant sur les cent verstes de la terre seigneuriale ?

N'allons pas chercher nos exemples si loin ; à nos portes , dans la Creuse , la terre est trop morcelée , dans le Cher, elle ne l'est pas assez. La propriété moyenne bien nécessaire chez toutes les nations , tend , si l'on n'y met pas obstacle , à être entièrement absorbée par la grande ou la petite culture.

N'est-ce pas ici le lieu de faire une remarque : cet opuscule est uniquement consacré à une affaire industrielle ; nous n'avons ni le droit , ni la pensée d'y parler politique , encore moins l'idée d'attaquer un pouvoir quelconque tombé ou debout. Mais tous les gouvernements qui se sont succédé ont eu la manie, très-louable du reste , des statistiques. On en fait sur tout et partout; on a essayé de connaitre le nombre et les espèces de poissons peuplant les rivières , des chevaux , des chiens, des gibiers, des diverses essences d'arbres, etc, répandus sur le territoire ; des calcaires , des houilles , des mines recelées dans la terre, etc. Cependant , nous le croyons au moins , on n'a pas encore fait de statistique sur l'état des bâtiments ruraux ou urbains. Ne serait-il pas permis de supposer qu'aucun gouvernement n'a , jusqu'à ce jour , osé étaler la plaie la plus hideuse et la plus effrayante du pays. Telle est la réflexion qui vient naturellement à l'esprit quand on parcourt certaines de nos campagnes. En tout cas, cette statistique se fera tôt ou tard elle ne donnera pas un démenti à notre assertion , nous en sommes convaincus.

La question dont nous nous occupons n'est encore qu'ébauchée ; mais il est au pouvoir du gouvernement , de beaucoup de sociétés même , de l'éclairer , de la résoudre peut-être , à bien peu de frais. La chose en vaut , croyons-nous , la peine ; tant de personnes sont intéressées à cette solution ! Qu'on la mette au concours , et une foule de mémoires donneront des aperçus très-sérieux , très-nouveaux. Quelques-uns de ces hommes à grandes vues, à idées pratiques , descendront peut-être dans l'arène : à ceux-là nous oserions prédire un bien utile , un bien éclatant succès.

Parlez donc à un capitaliste d'acheter une terre , une maison , un immeuble quelconque ; il sera effrayé d'une seule chose ; c'est qu'avec sa propriété , il n'aura plus que des rentes fictives et surtout incertaines, car il ferait volontiers, sur ses revenus bien plus que suffisants, un sacrifice pour assurer davantage la solidité et l'avenir surtout d'une partie de sa fortune. Rendez ce revenu fixe , sûr et certain, et les transactions sur la propriété deviendront plus faciles et plus suivies , tout le monde y gagnera :

1° Le propriétaire qui a besoin de vendre, parce que les intérêts rongent et ruinent la fortune , l'avenir de ses enfants.

2° Le capitaliste éprouvant le besoin de fixer une partie de ses capitaux , par un placement solide. Le père de famille prudent et sage se fera la réflexion qu'acheter une propriété c'est assurer du pain pour ses petits-fils. En effet un jeune homme , dans la fougue de l'âge , dissipe facilement des capitaux , mais il y regarde à deux fois avant d'aliéner une terre et de subir une expropriation ; alors l'acquéreur agira à coup sûr, n'achètera pas en tremblant , et ne sera pas dégoûté par l'aspect des bâtiments ruraux si pauvres , si délabrés.

3° L'État , parce qu'il gagne à la hausse des immeubles : plus le territoire d'un pays prend de valeur , plus ce pays est riche. L'État fait alors plus facilement rentrer les impôts et peut même les augmenter.

4° La société, parce que son intérêt demande de nombreuses transactions, des affaires multipliées. Et puis encore plus la propriété change de mains , mieux , règle générale , elle est cultivée. L'acquéreur y apporte souvent , presque toujours , de nouvelles idées qui peuvent être mauvaises dans leur ensemble , mais qui enfin ont toujours quelque chose de bon et font faire des progrès à l'agriculture.

Une chose nous a souvent frappés : c'est l'exiguité du chiffre que le mauvais état des bâtiments fait atteindre aux immeubles vendus par licitation ou par saisie immobilière. Il nous est arrivé quelquefois d'assister à ces ventes. Là, nous avons toujours entendu dire : « Telle terre, tel domaine, telle locaterie paraissent être sur des mises à prix fort modérées. Mais à quel triste et affreux état y sont réduits les bâtiments ! tout est délabré, tout tombe. N'importe à quel prix qu'on achète, ce sera toujours trop cher. »

L'acquéreur, qui entend ou a vu de près ces détails, est effrayé, se dégoûte ou au moins ne met plus que de rares et faibles enchères. On n'aime pas à marcher les yeux fermés, et c'est à quoi il est exposé s'il ne s'entend pas très-bien aux constructions.

Supposons la compagnie existante : si les immeubles licités ou saisis y sont assurés, il dira : « La propriété est affermée ou rapporte tant, mais elle est grevée de la prime d'assurance pour l'entretien des bâtiments ; reste un revenu net de tant; donc elle vaut tant. » Si elle n'est pas assurée, il visite avec un employé de la compagnie cet immeuble, avant de l'acquérir. L'employé lui dit : « Pour se charger de vos réparations, la compagnie vous demandera une prime annuelle de tant à peu près. » Alors encore on vise presque à coup sûr. Donc, si tôt après l'établissement d'une compagnie pour la construction et l'entretien des bâtiments, les ventes par licitation ou par saisie immobilière occasionneront des pertes infiniment moins grandes qu'elles n'en causent aujourd'hui.

Admettons même que la compagnie, comprenant mal ses intérêts, nous l'avons prouvé, fût quelque peu rapace et ne fît que les réparations strictement indispensables ; elle serait bien au moins forcée de tenir les fermiers clos et couverts, sinon de les indemniser. Donc elle évite au maître toute contestation, obsession ou chicane de ce côté. Conséquemment, propriétaires habitant près ou loin de vos domaines, elle vous procure : 1° La paix et la tranquillité ; 2° des revenus invariables pendant tout le cours du bail de vos colons ou locataires. Elle vous empêche d'être trompé par vos ouvriers et exploité par vos fermiers.

A supposer , chose peu propable , presque impossible , que la compagnie n'aie pas entretenu vos bâtiments , vous et vos fermiers avez votre recours , soit devant les tribunaux , soit devant des arbitres amiables et de plus , à la fin du contrat d'assurance, les experts vous alloueront une forte indemnité. Allons plus loin encore , vous ne voulez pas avoir de contestation , les experts sacrifient vos intérêts , pour le coup on admet toutes les impossibilités , pendant dix ou quinze ans , vous avez réalisé de notables économies sur vos fermages, que rien n'amoindrit plus. Avec cet argent, vous trouvez certainement de quoi réparer les fautes , les dols, si vous voulez, de cette compagnie à laquelle votre générosité , votre pusillanimité parfois , n'aura rien réclamé.

Donc , même à une société laissant beaucoup à désirer , le propriétaire aurait intérêt encore à assurer ses immeubles. Mais ces craintes sont puériles, toute grande et sérieuse compagnie exécute ponctuellement ses engagements et on n'a jamais de difficultés avec elle.

Nous sommes assurés contre l'incendie à la Mutuelle de l'Allier et nous le sommes contre la grêle à la Compagnie générale. Toutes les deux ont toujours scrupuleusement tenu leurs engagements envers nous. Nous connaissons plusieurs directeurs ou administrateurs de compagnies d'assurance , la parfaite honorabilité de ces Messieurs nous donne le droit de croire que dans ces diverses sociétés , on n'agit pas autrement.

Il est une foule d'écoles où l'on apprend très bien l'architecture , mais en les quittant , que peuvent faire les jeunes gens ? Ils savent très-bien lever un plan , ils ont une grande habitude du dessin, de la géométrie, etc. Mais ils ne connaissent pas les prix de revient , les usages des diverses localités, la manière de se concilier la clientèle , de commander à l'ouvrier ou de s'en faire obéir , cette foule de riens qu'apprend

l'expérience et qu'il faut connaitre quand on veut réussir, etc.
Ils sont donc obligés de travailler dans les bureaux d'un architecte ou dans quelques infimes places très-peu rétribuées.
Là des talents remarquables parfois procurent à peine du pain
à l'homme qui les possède. Le patron traite toujours lui-même avec le client et n'abandonne à ses élèves ou commis que
la besogne de cabinet. Il en résulte qu'un infiniment petit
nombre parvient à se former et à pouvoir travailler plus tard
fructueusement à son compte. Que la compagnie fonctionne,
beaucoup de ces jeunes gens y trouveront un emploi secon-
daire d'abord , plus élevé ensuite. En tout cas , ils jouiront
d'une rétribution suffisante en attendant qu'ils soient fami-
liarisés avec tout ce que doit connaître l'architecte pratique et
consommé. Ils n'iront plus chercher ailleurs l'aisance qu'ils
ne croient pas trouver dans leur patrie.

L'instruction et le travail se vulgarisent de jour en jour
davantage et encombrent toutes les carrières littéraires, politiques , commerciales , professionnelles et industrielles. Est-
ce un bien ? Est-ce un mal ? Il n'est plus temps de le discuter,
d'ailleurs telle n'est pas ici notre mission. Mais enfin l'horizon
politique est parfois bien sombre et surchargé d'électricité,
l'orage gronde sur nos têtes , le sol tremble sous nos pieds :
pour préserver , étayer l'édifice social , il n'y a qu'un moyen,
on l'a compris , c'est de prodiguer le travail et de fusionner
les différentes classes, par le contact journalier des individus.
La compagnie contribuerait puissamment à produire cet heureux résultat.

Elle assurera , augmentera et moralisera le travail. Combien de propriétaires aujourd'hui jettent par terre un domaine ou une locaterie en mauvais état plutôt que de les réparer! Ils afferment moins cher , il est vrai , mais ils sont débarrassés de toute réparation. Cependant le plus ou le moins
de produits que donne une propriété est toujours en raison
directe du plus ou moins grand nombre de bras qu'elle occupe. Un grand domaine rend moins que deux petits , c'est

un fait reconnu de tous. Quand une compagnie se chargera
de réparer, d'entretenir et même de construire les bâtiments,
tout propriétaire multipliera ses colonnages et divisera ses
domaines.

Qu'on nous permette de le dire, aujourd'hui le progrès veut,
doit régner partout ; pour être stable , il faut que tout gouvernement , toute idée en fasse son point d'appui. Eh bien !
l'état des édifices publics et des bâtiments particuliers voilà le
thermomètre et l'enseigne du progrès chez une nation, c'est
à cela que l'étranger juge l'intelligence, le bien-être et la prospérité des peuples qu'il visite. En effet , dans les pays avan-
cés , en Angleterre en Hollande , en Belgique , dans le nord
de la France , la majorité , presque l'universalité des constructions est propre , saine, confortable et coquette , en Rus-
sie , en Turquie , en Espagne tout le contraire a lieu.

. Que la compagnie existe, et l'état des logements s'améliorera
aussitôt ; l'étranger parcourant certaines de nos provinces ne
demandera plus si les cabanes qu'il aperçoit sont des huttes
de sauvages ou les habitations du plus grand peuple du monde. Tout gouvernement qui comprend sa mission , ses intérêts , son honneur ; tout individu jaloux du bonheur et de la
prospérité du pays doit désirer la création de cette compagnie.
Qu'elle fonctionne , et les embaucheurs de l'émeute ne pourront plus exciter leurs dupes en leur montrant d'un côté la
cabane et de l'autre la villa ou le château.

Nous nous flattons peut-être , mais il nous semble que tout
gagnerait à la création de la société que nous rêvons; oui tout,
même l'hygiène et la moralité publique. On se plaint de tous
côtés , de voir la dépravation gangrener les campagnes ; bien
des choses y poussent : dans beaucoup de domaines il n'y a
qu'une ou deux chambres ; il en résulte chez les individus
un pêle-mêle malsain , nauséabonde, regrettable et démoralisant. Le jour où la compagnie fonctionne il devient facile
au propriétaire d'allonger telle ou telle maison , moyennant
un léger sacrifice, une faible annuité, sans se déranger de ses

occupations ni entamer ses capitaux. Alors quel homme de cœur ou de sens pourra résister à sa conscience lui prescrivant cet acte d'honneur , de probité presque ?

Qu'on nous permette de le répéter, le jour où la société fonctionnera , les constructions et les réparations cesseront enfin d'être pour la famille comme pour les individus , un épouvantail , un écueil , une ruine ; tout au moins une loterie sans aucun prix fixe, où l'on est certain de ne jamais gagner, sûr de tout perdre. Cela au contraire sera une spéculation certaine et positive.

On bâtira donc beaucoup plus et à meilleur marché. Les loyers très probablement s'amélioreront , deviendront moins rares et moins coûteux. Aujourd'hui toutes les pensées des hommes d'étude et de pratique convergent vers ce point important. Notre idée revue, corrigée, améliorée, renferme peutêtre la solution de cet effrayant problème politique et social : « L'amélioration et l'abaissement des loyers. »

Nous concevons cet espoir en lisant un livre imprimé depuis quelques mois à peine et intitulé : « De la capacité politique des classes ouvrières. »

Dans cette œuvre posthume, pages 142 et 203, Proudhon conseille : « La formation d'une société maçonnique pour la construction , l'entretien , la location des maisons et le bon marché des habitations. »

Nos convictions et nos croyances nous séparent entièrement de l'auteur, mais nous n'en admirons pas moins la consciencieuse inflexibilité de sa logique et son prodigieux talent.

Le travailleur rural presque toujours et partout logé à l'étroit et d'une manière malsaine , tremble pour sa santé et celle de ses enfants , car c'est là le seul patrimoine de la pauvre famille. Il émigre donc vers la ville où il espère trouver des logements plus chers , il est vrai, mais aussi plus sains et plus confortables. De là absence de bras dans les campagnes.

Le propriétaire se fatigue d'avoir devant les yeux les hideuses cabanes où logent ses fermiers et métayers ; il est excédé

de réclamations justes parfois mais continuelles et aujour-
d'hui bien difficiles à satisfaire. Il se décide donc à quitter ses
terres pour épargner des tracasseries à son repos, des ridicules
ou de la haine à son orgueil, et de l'impuissance à sa bonne
volonté ou des remords à sa conscience. De là absence de
capitaux dans les campagnes.

Le moyen de retenir les bras et le capital c'est de répandre
le bien-être et la moralisation. Dans ce but, chrétiens, philanthropes et agriculteurs, vous avez multiplié les églises,
les écoles, les routes, etc. C'est bien, mais que la compagnie
qui nous occupe s'établisse, elle fera plus et mieux peut-
être encore. Alors ces êtres pétris de boue et de fiel, l'envieux,
le demi savant, l'avocat de village, etc, ne répèteront plus tous
les jours, au cabaret ou au café : « Monsieur N. possède quarante mille francs de rente et il pleut chez ses colons. »

Est-ce qu'une compagnie destinée à rendre de si nombreux
et de si importants services aux individus, aux propriétaires,
aux travailleurs, à la société même en général, n'a pas le
droit d'espérer quelques encouragements, nous allions dire
quelques secours, de la part de l'État ?

Si le gouvernement accordait le moindre secours au tiers,
au quart de ceux qui en demandent, les impôts, les revenus mêmes de la France n'y suffiraient pas. C'est vrai, des
innovations d'une tout autre importance que celle-ci n'ont
rien obtenu de l'État. Mais il n'en coûterait pas une obole pour
encourager la compagnie et payer les nombreux et immenses
services qu'elle doit rendre. Ne pourrait-on pas lui assurer
l'entretien des toitures des palais impériaux ou des monuments publics, lui donner quelques entreprises, passer avec
elle quelques marchés ? L'État gagnerait à cela probablement,
il n'y perdrait pas au moins. Quel entrepreneur, si probe et
si intelligent qu'il soit, pourra lui offrir les sérieuses et innombrables garanties de toute sorte que présente une grande
et importante société !

En tout cas l'affection que nous porterions à la compagnie.

ne nous aveuglera pas ; nous ne conseillerons à personne d'y compromettre sa fortune , quelque brillants résultats qui lui semblent assurés ; mais nous dirons à tous les hommes riches ou possédant un excédant de revenu de prendre quelques actions. Ils feront, croyons-nous, une excellente affaire ; à tout le moins, quoi qu'il arrive , ils auront contribué à faire avancer d'une étape le progrès agricole , moral , industriel et humanitaire.

Avant que toute idée se produise , il apparait ce qu'on appelle les signes des temps. Ils servent de précurseurs à cette idée et en indiquent la prochaine réalisation. Ces signes nous les apercevons partout :

1° Combien de propriétaires ont essayé d'assurer l'entretien de leurs immeubles à leur plus intelligent et plus consciencieux ouvrier , qui au maçon, qui au charpentier, etc. ? Et c'est dans le Puy-de-Dôme, terre classique de l'économie , du bon sens et du travail, que cette idée est le plus répandue ! Mais chacun de ces divers ouvriers peut-il . pris isolément , offrir autant de garanties de moralité , de solvabilité , de durée, etc. qu'une grande compagnie ? Non, évidemment non. Notons que nous avons lu plusieurs de ces traités entre propriétaires et ouvriers , ils sont tous conçus d'après les mêmes bases , rédigés presque dans les mêmes termes. Cependant ils n'occasionnent pas plus de procès , moins même , que les autres travaux donnés , soit à la journée , soit à l'entreprise.

2° Le particulier n'ose , ne peut guère bâtir. En effet tous ceux qui essayent quelques constructions importantes en ont été bien vite lassés. Jamais on ne nous a parlé d'un bâtiment quelconque sans immédiatement ajouter: « Le propriétaire est dupe , il n'y entend rien , il n'y comprend rien. »

Il n'en est pas de même de toutes ces compagnies dont le but ou la nécessité est de bâtir , telles que la compagnie immobilière , les ports de Brest, de Marseille, les compagnies de chemins de fer , des docks , etc.

Et encore quelles pauvres constructions les particuliers

élèvent aujourd'hui ! Tout ce qu'ils font c'est pour flatter les yeux ou leurrer la bonne foi et l'inhabileté d'un acquéreur introuvable qui achètera sans voir , sans même s'informer. Personne, hélas ! ne songe à bâtir pour ses enfants !

Notre architecture privée a le plus grand besoin d'être ramenée à la loi du vrai , du bon sens , de l'utile , du solide surtout. On ne trouve plus tout cela, convenons-en , que dans les constructions dont l'État ou les grandes compagnies ont la propriété , la surveillance ou le contrôle.

3° Une compagnie c'est l'État en petit ; eh bien ! Qui, mieux que l'État, sait où sont et en quoi consistent ses revenus et ses dépenses ? Il n'y a que sur les prix de revient que le gouvernement puisse être dupé , si toutefois il l'est. Ici cet inconvénient ne nous semble pas très-redoutable , puisqu'il y aura un contrôle actif , permanent , sévère , et de plus directement intéressé.

4° En haut comme en bas de l'échelle sociale, les aspirations de toutes les classes au progrès et au bien-être. C'est là ce qui a produit cette loi des 12 et 22 avril MVCCCL, dont la lettre et l'esprit deviendront si utiles à la compagnie.

5° La fièvre de travail et d'activité qui dévore tous les individus. Aujourd'hui chacun veut des spéculations, des emplois, des plaisirs ou des jouissances. Personne n'a plus le temps de s'occuper des détails de l'administration de sa fortune.

6° L'esprit d'association qui partout substitue la force, la sagesse et le bon sens des grandes compagnies aux préjugés, à l'inertie , à l'ignorance et à la faiblesse des individus.

Voilà bien les signes des temps qui appellent la mise en pratique de notre idée. Tout dès lors en fait présager la réussite. Mais qu'importe après tout si on ne l'adopte pas immédiatement ? Elle le sera tôt ou tard, pourvu qu'elle soit bonne et pratique. En bien des choses le progrès réclame encore de nombreuses améliorations ; patience , elles n'en viendront pas moins , à l'heure et au jour marqués par la providence. Que signifient vingt, trente ans, dans la vie des nations ?

Notre idée est à peu près neuve, elle doit plaire aux hommes progressifs ;

Elle est conservatrice, humanitaire et morale ; le chrétien, le philanthrope et le père de famille doivent donc la patronner.

Elle tend à utiliser toutes sortes de capitaux : les bras du travailleur, le numéraire du riche , l'intelligence du praticien comme du théoricien.

Cette idée nous a paru féconde ; nous devions la répandre. A elle de germer si elle est bonne.

Tous les jours et dans tous les pays , un contrat intervient entre un propriétaire et un entrepreneur, pour l'entretien par abonnement d'une clôture ou d'une partie quelconque de bâtiment ; tous les jours et dans tous les pays , on assure un bâtiment contre des chances de destruction peu nombreuses , il est vrai , mais graves et imminentes. Pourquoi une société ne se chargerait-elle pas de l'entretien total des bâtiments ? Où l'analyse est possible , la synthèse l'est aussi ; où l'on peut diviser on doit pouvoir multiplier.

Un homme qui occupe une grande place dans la littérature contemporaine nous écrivait naguère : « L'esprit d'association tend à devenir le fondement de toutes les sociétés modernes. » Un homme d'affaires intelligent, laborieux, fils de ses œuvres, nous a dit un jour : « Les réparations deviennent le fléau , l'écueil et la ruine du propriétaire. » Voilà les pensées qui nous ont inspiré ces pages et les résument en quelques mots.

Moulins, — imprimerie de C. Desrosiers.

TABLE DES MATIÈRES

PREMIÈRE PARTIE.

DEUXIÈME PARTIE.

TROISIÈME PARTIE.

QUATRIÈME PARTIE.